THE MATHEMATICAL ANALYSIS OF LOGIC

논리의 수학적 해석

George Boole 지음 | 이석헌 옮김

KYOWOO

역자의 말

인간이 세상을 언어의 의미론적 구조를 통해 혹은 소위 프레임을 통해 인식한다는 사실은 현대의 인지심리학에서 자명한 진리들 중 하나로 받아들여지고 있는 것처럼 보인다. 언어의 의미론적 구조란 무의식적인 환유와 은유로부터 의식에로 주어진 특정한 상징이 개념의 형태로 저장되어 또 다른 개념들과의 관계를 통해 도식을 구축하고 이러한 도식의 전달과 지시에 관한 화자의 의도에 의해 현실에서 반복적으로 표현됨으로써 청자에게 있어 기존의 맥락이 강화되거나 탈구되는 동시에 새로운 맥락이 교차되는 과정 전체를 통칭하며, 좁은 의미로는 그 중에서도 개념들 간의 관계를 지칭하기도 한다. 이 관계가 구체적으로 대체 어떤 관계인지 정의하기 위한 여러 학설들이 존재하지만, 그 중에서 가장 고전적이면서도 손쉽게 배척하기는 어려울 학설은 바로 언어가 논리적 관계를 가진다는 것이다.

아리스토텔레스가 논리logic라는 분야 아래로 정리했던 수학적 체계를 칸트가 인간 정신의 보편적 구조로서 받아들였을 때, 달리 말해 기원전 4세기 그리스의 범주category 개념이 18세기 독일에 이르러 정언명제categorical-proposition에 의한 인식과 심지어는 정언명령categorical-imperative에 의한 윤리로까지 연결될 수 있다는 판단에 도달했을 때, 인간은 인간 자신의 생각들을 비롯하여 생각이 이해하는 세계, 생각이 드러나는 의사소통, 생각이 규정하는 규범까지 남김없이 수학적으로 재구성될지도 모른다는 질문 앞으로 던져졌다. 언어를 수학처럼 계산할 수 있을까? 우리의 세계, 의사소통, 규범 등이 마치 어린이의 통통한 손가락이 스스로를 굽힘으로써 어렵게 획득해낸 사칙연산처럼 단칼에 정답 아니면 오답으로 채점될 수 있을까? (현대인들이 인공지능에 대하여 느끼는 기분과 마찬가지로) 누군가에게는 잔인한 가능성이면서 다른 누군가에게는 설레는 가능성일 이러한 오래된 질문에 대한 가장 직접적인 대답이 대수학계의 거장, 조지 부울에 이르러 비로소 완성되었다.

부울은 1847년 『논리의 수학적 해석』을 출판함으로써 19세기의 가장 독창적인 사상가 중 하나로 알려진 수학자이다. 케임브리지대학의 서평을 빌려 책 전반을 요약하자면, 부울은 우선 모든 학문의 근본적인 통일성 및 논리와 수학의 밀접한 관계라는 두 가지 주제에 천착하고, 형식논리의 기본원리들을 검토한 뒤, 그런 다음 아리스토텔레스의 삼단논법, 가언명제, 그리고 선출함수의 속성으로 넘어간다. 여기서 부울은 당시 유명한 논리학자였던 윌리엄 해밀턴에게 응답하는데, 해밀턴은 오직 철학자들만이 실체에 대한 학문을 수립할 수 있으며, 수학자들이 할 수 있는 것이라고는 그저 대상들을 측정하는 것뿐이라고 믿었기 때문이다.

요컨대 이 책은 그를 조심스럽게 비판하고 그의 편견을 재고할 것을 요구한다.

이러한 그의 사상은 흔히 0과 1로 이루어진 비트연산Bit-operation 혹은 그의 이름을 따서 부울대수Boolean-algebra라는 이름으로 불리곤 하며, 수학과 철학에서보다는 오히려 컴퓨터공학 분야에서 중요한 이론적 토대로 활용되고 있는 것 같다. 이 책의 목적은 적확한 학술용어들을 놓치지 않되 일상에서 흔히 통용되는 문장형식을 도입함으로써, 수학적 개념에 익숙한 사람이 아니더라도 부울의 논증과정과 그 결론을 문맥만으로도 충분히 통찰할 수 있도록 돕는 것이다. 디자인의 측면에서도, 이 책에서 간간이 사용된 두꺼운 글씨체는 부울의 것이 아니라 강조를 위해 덧칠된 것이며, 포함된 삽화들 또한 부울의 것이 아니라 오직 가독성을 위해 별도로 제작된 것이다. 마지막으로 N.Yang 선생님이 없었다면 이 책은 국내에 존재하지 않았을 것임을, 번역을 가능케 한 수학철학적 사유들의 지반은 각각 H.Guyong 교수님과 S.Seungchul 교수님으로부터 적층되었음을, 그리고 원고가 완고로서 현전화되는 과정의 대부분은 A.Doyeon에게 책을 지고 있음을 밝힌다.

저자의 말

이 책의 출판소식을 발표하면서, 사실은 오래 전부터 이 책의 내용과 유사한 생각들이 내 사유의 큰 부분을 차지해왔었음을 고백하는 것이 적절할 것 같다. 올해 봄 나는 윌리엄 해밀턴 W.Hamilton 경과 드모르간De-Morgan 교수가 주고받던 이야기를 전해 듣게 되었고, 그러다 문득 흥미로운 영감에 이끌려 거의 잊고 있었던 과거의 의문을 되새기게 되었다. 비록 사람들은 논리가 단순히 양적인 관념들에만 연관된다고 여길 수도 있겠지만, 내게는 논리가 독특하고도 깊은 관계들의 체계 또한 갖추고 있는 것처럼 보였다.[1] 만약 논리를 숫자라는 수단을 통해 공간과 시간에 대한 직관들을 질서 짓는 외적인 것으로서 고려하는 것이 합당하다면, 우리 사고를 구성하는 또 다른 질서에서 근거한 내적인 것으로서 고려하는 것 또한 합당할 것이다. 이러한 견해의 결과들과 그로부터 제기되는 의문들은 앞으로 더욱 구체화될 것이다.

일반적으로 저자가 자신의 작품에 대해 평가하는 방식을 규정하는 것은 이상한 일처럼 보이겠지만, 그럼에도 이 책의 가치를 평가하게 될 독자들에게 내가 감히 요구하고 싶은 두 가지 조건이

1) 이 책 4장에서 드모르간 부분 참조.

있다. 첫째는, 이 이론이 불가능할 것이라는 어떠한 선입견들도 진리에 대한 연구가 목표로 하는 정직성과 공평성을 저해하도록 내버려두어서는 안 된다는 것이다. 둘째는, 이 이론의 일부 내용만을 읽고 느낀 바나 혹은 이미 받아들여진 이론들과 부합하는지의 여부가, 이 이론 전체에 대한 연구를 외면할만한 이유로 간주되어서는 안 된다는 것이다. 이 책에서 연역추론을 계산하는 (그러나 기존의 체계로는 설명되지 않을) 방법론에 대한 논지는, 후반부에 나오는 정리에 도달해서야 가장 완전하게 설명될 것이다.

내가 만든 이 이론에 대하여 독자들이 부여하게 될 최종적인 가치가 어느 정도일지는 모르겠지만, 나는 기대하지도 않고 기대할 권리도 없다. 어떤 이론에 대한 평가는 단순히 그것이 사실인지 아닌지에 의해 결정되는 것이 아니며, 그것은 또한 주제의 중요성 및 적용의 범용성에도 달려있기 때문이다. 뿐만 아니라 어떤 부분들은 여전히 독자들의 자의적인 취향에 달려있기도 하다. 만약 논리에 수학적 형식을 적용하는 것의 유용성이 단지 표기법을 바꾸는 문제일 뿐이라면, 나는 어떤 유능한 작가가 제시했던 다음의 원칙에 따라 나의 시도를 변호하는 것으로 만족해야 할 것이다: "인간의 본성이 기계적으로 작용하지 않는 추론과정을 허용할 때마다, 언어는 가능한 한 기계적인 원칙들에 따라 구성되어야 한다. 한편 반대의 경우라면, 언어는 단순한 기계적 작용에 대하여 가장 큰 장애가 존재하도록 구성되어야 한다."[2] 한 가지 측면에서 논리학은 다른 어떤 학문들과도 다르다. 즉 논리학의 방법론적 완전성은, 무엇보다도 그 원리들의 형식적 진리에 대한 증거로서 가치가 있다. 평범한 이성의 사용을 넘어서려는 것 혹은 이성을 엄밀한 기술적 형식에 종속시키려는 것은, 정신에 활력을 부여하는 지적인 노고와 투쟁의 가치를 아는 사람, 그리고 난관들을 겪어내야 한다는 사실 및 위급한 상황에서도 자기 자신 외에는 누구에게도 의존할 수 없다는 사실을 가르치는 사람의 마지막 소원일 것이다.

2) 밀Mill의 『System of Logic: Ratiocinative and Inductive』 2권 292쪽 참조.

들어가며

기호대수학Symbolical-algebra의 최신 이론에 대해 잘 알고 있는 사람들은, 분석과정의 타당성validity이 사용된 기호의 내용에 의해 결정되지 않으며, 그보다는 그 기호들을 결합하는 법칙에 의해 결정된다는 사실을 알고 있다. 가정된 관계들의 진리값에 영향을 미치지 않는 모든 해석의 체계는 동등하게 긍정되며, 따라서 단일한 추론과정이 각각의 해석도식에 따라 서로 다른 해답을 밝혀줄 수 있다. 어떤 해석도식은 산수적인 문제의 해답을 나타낼 수 있고, 어떤 해석도식은 기하학적인 문제의 해답을 나타낼 수 있으며, 어떤 해석도식은 역학적이거나 광학적인 문제의 해답을 나타낼 수 있다. 이는 실제로 근본적인 중요성을 갖는다. 또한 형식적 분석에서의 최근의 발전이 연구의 흐름을 이끌어왔던 노력들로부터 많은 영향을 받았다는 사실은 자명하다.

그러나 이 중요한 아이디어의 귀결을 온전히 받아들이는 일은 모종의 우발적인 상황들로 인하여 지연되어왔다. 알려진 모든 형태의 분석에서, 결정되어야 할 내용들은 어떤 고정된 기준에 비교되어야만 측정이 가능한 것처럼 여겨져왔다. 한마디로 연장[3]에 대한 관념이, 더 엄밀하게는 수적인 비율에 대한 관념이 지배적이었다. 그리고 연장에 대한 공식이나 연장의 연산에 대한 공식은, 곧 발명된 해석기호들 및 그것들로부터 연구된 법칙들에 관한 표현이었다. 따라서 현대적 해석Analysis이론의 추상화는, (고대 기하학에서의 실질적인 작도에 못지않게) 수학이 본질적으로 그리고 현실적으로 연장에 대한 학문이라는 관념을 강화시켰다.

그러나 처음에 언급된 관점에 대해 생각하다 보면, 진정한 기호대수학의 원칙을 구현하기 위해 이와 같은 관념이 별로 필요하지 않다고 판단될 것이다. 비록 기존의 모든 해석들이 연장의 개념을 포함하는 것처럼 보인다고 하더라도, 다른 해석이 불가능하다고 주장할 수 있는 것은 오직 귀납적인 방식으로만 입증가능할 것이다. 그러나 우리의 경험이 그러한 귀납을 정당화하기에 충분한지에 대해서는 의심스럽다. 우리가 적용범위에 제한을 두기에는, 형식적 분석의 역사가 아직 너무 짧다고 생각된다. 만일 우리가 추론에다 높은 수준의 개연성을 부여한다면, 여전히 (그리고 합리적으로) 처음에 언급된 원칙에서 벗어나지 않을 정도로 정의의 충분함을 유지할 수 있을 것이다. 우리는 결합법칙들이 명시적이고 일반적이며 일관적인 해석을 가능케 하는, 그러한 기호의 사용에 의존하는 것이야말로 올바른 계산의 방법론이 갖는

3) 부울이 의도하였던 의미에 정확히 대응하는 학술용어인 연장extension으로 번역하였으나, 직역하여 크기magnitude라고 이해하여도 무방하다. [역자 주]

결정적인 특징이라고 선언할 수 있다. 기존 해석이론의 형식인 양적 해석은, 그러한 형식으로 결정된 상황의 결과물일 뿐이며, 해석의 보편적 조건으로 설명되어서는 안 된다. 논리의 계산을 가능케 하는 근거는, 그리고 내가 논리를 (그것의 목적 및 수단으로부터 독립되어야 한다는 사실과 무관하게) 수학적 해석으로 받아들여질 만한 형식들 중 하나라고 주장하는 근거는, 바로 이 일반적인 원칙의 토대 위에 있다.

논리를 가능하게 만드는 것은 우리 마음 속의 일반적인 관념들, 즉 어떤 집단에 대해 생각할 수 있는 능력 및 그 집단의 개별 요소들을 공통의 이름으로 지시할 수 있는 능력에 있다. 그러므로 논리의 이론은 언어의 이론과 밀접하게 연관되어 있다. 논리적 명제를 기호로, 그리고 사고과정의 법칙에 기초한 그 기호들 간의 결합법칙으로 표현하려는 성공적인 시도는, 어느 정도 철학적 언어로 나아가는 단계가 되어줄 것이다. 그러나 이에 대하여 우리가 이 책에서 자세히 전개할 필요는 없다.[4] 집단의 관념을

4) 이러한 관점은 블랑코 화이트B.White의 편지들 중 하나에 잘 표현되어있다. 즉 "대부분의 경우 논리란 분류에 기반한 기술적 규칙들의 모음이다. 삼단논법은 언어의 구성에 있어서 사고가 자연스럽고 필연적으로 형성한 분류의 결과 외에 아무것도 아니다. 모든 추상적 개념들은 곧 분류들이며, 더 정확히 말해, 사고가 만들어둔 분류들에 대한 이름표이다." (『Memoirs of the Rev. Joseph Blanco White』 2권 163쪽 참조) 이에 대한 매우 명료

가정함으로써, 우리는 사고행위를 통해 상상할 수 있는 어떤 대상들의 무더기로부터 주어진 집단에 속하는 것들을 분류할 수 있고 또 그것들을 그 나머지와 구분할 수 있다. 우리는 그러한 혹은 그와 유사한 선출의 행위가 반복된다고 간주할 수 있다.[5] 이미 살펴본 바와 같이, 고려되고 있는 개체들의 무더기는 다른 특정한 집단에 속하는 것들을 사고에 의해 선출함으로써 보다 제한될 수 있다. 그리고 이 제한의 과정은, 우리가 고려하는 모든 차이점들을 가진 개체들에 도달할 때까지, 그리고 동시에 우리가 열거한 모든 집단들의 요소에 도달할 때까지, 남은 차이점들을 찾아냄으로써 반복될 수 있다. 사실 이것은 우리가 일상언어에서 더 엄밀한 정의를 하기 위해 기술적 수식들을 붙여가는 방법과 거의 흡사하다.

이제 위의 경우에서 수행되어야 할 몇 가지 연산들은 고유한 법칙들을 따른다. 주어진 연산의 반복, 서로 다른 연산들의 연속,

한 설명을 얻으려면, 래섬Latham의 『First Outlines of Logic applied to Language』 및 베커Becker의 『German Grammar』 등을 참조하라. 극단적 유명론자들은 논리를 전적으로 언어에 의존하는 것으로 규정한다. 반대되는 관점으로는, 커드워스Cudworth의 『Eternal and Immutable Morality』 4권 3장을 참조하라.

5) 어떤 집단class에서 특정 요소member를 선출election한다는 것이 어떤 의미인지는 「기본원리」 장에서 보다 자세하게 설명된다. [역자 주]

또는 충돌하지 않는 또 다른 특정한 연산들의 연속에 대하여, 그것들 사이의 관계를 정하는 것이 얼마든지 가능하다. 예를 들자면, 연속되는 두 행위의 결과가 그것들이 수행되는 순서에는 영향을 받지 않는다는 사실은 참이다. 뿐만 아니라 적절한 곳에서 언급해야 할 적어도 두 가지의 또 다른 법칙들이 존재한다.[6] 이것들은 아마도 어떤 사람들에게는 필수적인 진리들 사이에 놓일 정도로 명백해 보일 것이고, 그래서 특별한 주의를 기울일 필요도 없었을 것이다. 그리고 아마도 그것들은 이 책에서 처음으로 강조되었을 것이다. 반면에 그것들이 그다지 명백해 보이지 않는다면, 추론의 전체 메커니즘, 아니 인간 사고의 법칙과 구조 자체가 완전히 변화된 것임을 자신 있게 주장할 수 있다. 그때에도 논리가 실제로 존재는 할 수 있겠으나, 다만 그것은 더 이상 우리가 알고 있는 그러한 종류의 논리는 아닐 것이다.

우리의 이 책에서 다룰 존재에 관한 기본원리 및 그것을 정확하게 기호로 공식화하기 위한 방법론은 다음과 같다. (그리고 우리가 이루고자 하는 목표는 완전히 성공적이었다고 여겨지게 될 것이라 추정된다.) 즉, 모든 논리적 명제는 그것이 정언적이든 가언적이든 간에 정확하고 엄밀한 공식으로 표현될 수 있으며,

6) 부울은 직전의 문장에서 교환법칙을, 그리고 해당 문장에서는 분배법칙과 지수법칙을 언급하고 있다. [역자 주]

이에 대한 변환법칙과 삼단논법이 연역가능할 뿐만 아니라, 가장 복잡한 명제 체계의 해결, 주어진 모든 요소들의 분리, 그리고 나머지 요소들을 기준으로 한 값의 표현 등까지도 포함된 모든 보조관계들로부터 연역가능하다는 것이 밝혀질 것이다. 모든 절차는 연역적일 것이고, 모든 수학적 귀결은 논리적 추론을 표현할 것이다. 이 방법이 가진 일반성은 심지어 우리가 사고할 수 있는 임의적인 것에 대한 연산을 표현할 수 있게 해줄 것이며, 따라서 통상적인 수학적 일반원리와 상당히 유사한 논리적 일반원리의 증명까지 이어질 것이다. 외적인 성질로 해석되는 분석의 적용으로부터 우리가 얻는 즐거움 중 생각보다 적지 않은 부분은, 법칙의 지배에 보편성이 확보되도록 만드는 발상들로부터 비롯된다. 우리가 유도할 일반공식은 그것을 가시화해줄 것이고, 그 일반공식이 적용되는 다수의 특수한 사례들은 그것이 미칠 영향력을 증명한다. 심지어 그것들을 분석하는 공식의 규칙성조차도 현실적인 의미에서 그것들의 조화와 일관성을 반영하는 것으로 간주될 수 있다. 나는 이 책에서 이와 같은 즐거움의 요인들이 어느 정도까지 드러나 있는지를 추정하지는 않을 것이다. 그 정도를 측정하는 것은 이 주제를 학문적 가치가 있다고 생각하는 사람들의 견적에 맡겨져야 할 것이다. 그러나 나는 그러한 지적 만족의 기회들이 여기서도 딱히 부족하지 않다고 감히 단언할 수 있다. 우리가 검토해야 하는 법칙들은 우리의 사고능력들의 가장 중요한 부분들 중 하나이기 때문이다. 말하자면 우리가 구축해야 하는 수학은 인간 지성에 대한 수학이다. 이러한 해석을 완전히 떠나서도 이 방법의 형태와 특성에는 주목할만한 가치가 있다. 심지어 이 책의 일반정리 부분에서는 예외 없는 구성이라는 미덕을 갖는 멋진 사례들이 존재한다. 그리고 이것은 수학에 관한 해당하는 사례들이라면 그러한 성질이 아주 뚜렷하지 않은 경우들에서도 발견된다. 이 분석이 그 자체로 주목할 가치가 있다고 생각하는 소수의 사람들은, 모든 방정식을 계산할 수 있고 모든 해를 풀이할 수 있는 방식으로 연구하는 것의 가치를 알지도 모른다. 물론 그들이 계산의 형식으로 알아차릴 모든 특성들이 그와 상응하는 사고구조의 특징들을 반영한다는 사실이 이 연구의 흥미를 떨어뜨리지는 않을 것이다.

이 방법이 학술적 연구의 수단으로서 얼마나 가치 있을지를 논하는 것은 아직 시기상조일 것이다. 나는 여기서 추론의 이론에 대해, 그리고 학문으로 간주되는 논리의 형식들과 사례들에 대한 법칙 및 올바른 분류에 대해 언급하고 있는 것이다.[7)8)] 처음

7) "엄밀히 말해 학문이란 (...) 일종의 기술이다." (『Whately's Elements of Logic』 참조) 기술을 "대중들의 (...) 잘 짐작하고 측정하는 활동" 정도로 간주하지 않는 한, 우리는 정말로 모든 기술을 응용학문으로 이해해서는 안되는 걸까? (플라톤Plato의 『Philebus』 참조)

8) 플라톤은 기술의 우열을 등급별로 제시하였다. 순서대로 말하자면, 첫째로 숙련도에 따른 의의는 있겠으나 가장 유동적이기 때문에 가장 낮은 등

에는 이러한 연구의 목적이, 잘 알려진 논리적 공식들 및 아리스토텔레스Aristoteles가 정리했던 형식들로 제한되었지만, 얼마 지나지 않아 그 제한은 순전히 자의적이며 세상의 진리에 기초한 것은 아님이 명백해졌다. 이 점은 나타날 때마다 살펴볼 것이고, 또 적당한 장에서 논의될 것이다. (비교적 덜 살펴본) 가언명제의 문제를 고려할 필요가 생겼을 때 그리고 더 나아가 계산의 일반정리들에 대하여 해석이 요구되었을 때, 선례와 권위에 관한 모든 편견을 기각하는 것 그리고 적용에 있어 적절한 한계에 대한 표현법 자체를 문제시하는 것이 시급하다는 것을 깨달았다. 물론 이전에 없던 결과를 얻기 위해 특별한 노력이 들지는 않았다. 그러나 당시에 깨달았던 사실들 중에서 다음의 사항은 명심하는 것이 좋겠다.

이 책의 방법에 따르면, 어떤 논리적 명제는 그 명제가 종속되는 변환과 변형의 규칙들에 의해 결정되는 하나의 방정식으로 표현될 수 있다. 따라서 논리학자들이 단순변환이라고 부르는 법칙은 해당하는 방정식이 대칭이라는 사실에 의해, 즉 변환가능한

급인 짐작의 기술, 둘째로 짐작보다는 낫지만 도구나 여건에 따라 변동이 가능한 측정의 기술, 셋째로 측정보다는 낫지만 부분에 대한 불완전한 원리의 이해일 뿐인 계산의 기술, 넷째로 전체에 대한 완전한 원리를 통달했다는 점에서 가장 높은 등급인 기하학이 있다. 첫째에서 셋째까지는 대중들의 기술이며, 넷째만이 통치자 즉 철학자의 기술이다. [역자 주]

집단들에 해당하는 기호에서는 위치의 상호변경이 자유롭다는 사실에 의해 결정된다. 이렇게 해서 변환에 대한 법칙이 규정되었고, 그 이후에 더 기초적이면서 더 일반적이라고 생각되는 또 다른 이론이 규정되었다. 이에 대해서는 「명제의 변환에 대하여」 장을 참조하면 된다.

삼단논법의 전제들이 방정식으로 표현된다면, 그것들 사이에 공통되는 기호의 소거는 (아리스토텔레스를 따르든 아니든 간에) 언제나 가능한 가장 일반적인 결론을 표현하는 세 번째 방정식으로 이어진다. 추론이 성립되지 않는 사례들 중에서, 최종적인 방정식의 두 가지의 구분되는 형태가 존재한다는 사실이 밝혀졌다. 이 사실에 대한 설명이 제시되기까지는 상당한 시간이 걸렸지만, 마침내 그것은 전제들 간의 비교에 있어 올바른 매개의 존재여부에 달려있다는 것이 드러났다. 새로운 이론이라고 여겨지는 이 구분은 「삼단논법에 대하여」 장에 개괄되어 있다.

또한 가언적 삼단논법에서 선언적인 결론이 갖는 비배타적 속성은 그러한 유형의 논증사례들을 살펴보면 매우 분명하게 드러난다.[9)]

9) 이는 「가언명제에 대하여」 장에서 구체적으로 예증된다. [역자 주]

「선출방정식의 해에 대하여」 장에 개괄된 논리적 문제들의 유형은 꽤나 신선하다고 생각된다. 그리고 그 장의 방법론은 우리가 생각할 수 있는 모든 명제들의 체계에 대한 완벽한 분석을 위한 수단을 (그리고 비록 첫 단계에 불과하지만 단일한 정언명제의 변환규칙에 대한 목적을) 제공한다고 생각된다.

다만 이러한 독창성 또는 이러한 견해들 전반의 독창성에도 불구하고, 내가 자신감을 가지고 말하기에는 논리학 문헌들에 대한, 그중에서도 특히 고전적인 문헌들에 대한 너무 얕은 지식을 가지고 있다는 것은 스스로 잘 알고 있다.

이러한 소견의 결론을 내리기 전에, 수학에서 기호 언어의 사용에 대한 일반적인 질문에 대한 몇 가지 언급을 해두는 것이 적절하겠다. 사고의 필요성을 배제함에 의해 그리고 인간적인 노력의 영역을 일반적인 논증에 대한 설명으로 대체함에 의해, 추론의 힘이 약화되는 경향이 있고, 이에 따라 최근 들어 이러한 관행에 대한 반대 의견들이 매우 강하게 촉구되고 있기 때문이다.

그러므로 기호의 사용에 대한 문제는 두 가지 다른 관점으로 고려할 수 있다. 첫째로는 과학적 발견의 진보와 관련하여 고려할 수 있고, 둘째로는 사고의 훈련과 관련하여 고려할 수 있다.

첫 번째 관점에서 우리가 이전에 고려했던 문제보다 더 높은 문제로 나아가는 것이 가능할 뿐만 아니라 심지어 요구되고 있는 것은 (마치 우리가 보다 힘든 고생으로 자유롭게 나아갈 수 있도록 하는 일종의 노동의 결실이자,) 과학적 진보의 상태가 갖는 필연적인 결과라는 사실을 이해할 수 있다. 이러한 현실적 추론은 분명하게도 참이다. 만약 과학적 방법의 발전에 의해 우리가 한때 종사했던 연구가 더 이상 지적 노력을 위한 충분한 여지를 제공하지 않게 되었다는 사실을 알게 된다면, 그 해결책은 그 새로운 방법 안에서 더 높은 질문으로 나아감으로써 여전히 정복되지 않은 문제들을 찾는 것이다. 그리고 이것이 현실에서 이루어지고 있는 실제 과학적 진보의 원리이다. 우리는 정복에 대한 그 이상의 욕망을 버리거나, 그게 아니라면 우리가 도달한 진보의 단계에 적절한 기호 언어의 도움을 받는 것에 만족해야 한다. 그리고 우리는 그러한 과정을 밟아나가는 것을 두려워할 필요가 없다. 더 이상 창의력을 발휘하지 못할지도 모른다는 두려움을 가지기에는, 아직 우리는 가능한 지식의 경계에 도달한 적조차 없었기 때문이다.

둘째로 기호의 사용이 사고의 훈련에 미치는 영향에 대한 문제에 대해 논의할 때, 중요한 구분이 이루어져야 한다. 그러한 기호들이 의미에 대한 완전한 이해에 의해서, 그 사용을 타당하게 만드는 완전한 함축에 의해서, 그리고 귀납적 추론의 축약된 형식을 완전한 삼단논법으로 확장하는 능력에 의해서 사용되는 것인지, 아니면 그것들은 단지 (그 사용이 일종의 권위에 달려있는) 기호의 명시적인 특성들일 뿐인지의 여부는 가장 핵심적인 귀결이 될 것이다.

주어진 질문에 대한 답은 이러한 가정들 중 어떤 것이 인정되는지에 따라 달라질 것이다. 전자의 경우에는 높은 수준의 사고 훈련을 통해 이성적 능력뿐만 아니라 일반화 능력을 획득할 수 있다. 후자의 경우에는 사고 훈련이 전혀 없다. 응용수학의 각 분야들이 당대의 최선의 방식으로 알려진 방법론에 의해 다루어져야 한다는 사실은, 한편으로는 기호에 대한 비합리적 의존의 위험에 대한 최고의 방안이자 다른 한편으로는 그들의 정당한 주장이 무시되지 않을 수 있는 최고의 방안이었을 것이다. 따라서 개인적 성취의 순서는 실제 과학적 발견의 순서와 어느 정도 관련이 있을 것이며, 고차원적인 분석에서의 보다 추상적인 방법은, 그것들을 받아들일 준비가 되어 있는 자들에게만 제공될 것이다.

논리 분야와 수학 분야에 동시에 걸쳐있는 이 책은, 자유로운 교육에 대하여 최근 제기되고 있는 두 분야의 관계적 가치가 무엇인지에 대한 특별한 관심을 더욱 가속화할 수 있다. 일반적으로 수학의 연구에 대하여 제기되는 주요 반론들 중 하나는, 특히 기호의 사용과 관련하여 이미 제기되어왔던 내용들의 또 다른 형태일 뿐이다. 그러므로 기호가 어딘가에 쓸모가 있다면 그것은 논리 연구에 있어서 한결같이 적용된다는 점임을 (더 이상 생각할 필요는 없겠다만) 언급할 필요가 있겠다. 아리스토텔레스가 제안한 삼단논법의 표준형식들[10]은 너무나도 기호적인 형식이다. 뿐만 아니라 오직 그 기호들만이 수학의 기호들보다 그 종류가 덜 완전하다. 만약 기호들이 논증의 타당성을 검토하기 위해 사용된다면, 분석의 형식에 대해 언급했던 것과 마찬가지로 그것들은 이성의 작용을 제대로 나타낸다. 오늘날까지도 예외사례들을 제외한 논리적 규칙들에서 아리스토텔레스의 표준형식이 사용되고 있는지의 여부는 의심받을 수 있겠지만, 아리스토텔레스의 권위가 유럽의 학계에서 지배적이었을 때에는 그러한 적용들이 습관적으로 이루어져왔다는 것에는 의심의 여지가 없다. 그러므로 내가 요구하는 것은, 그러한 경우가 가능하다는 것을 인정하자는 것뿐이다.

그러나 우리 앞에 놓인 질문은 보다 더 높은 차원에서 논의되어 왔다. 논리학을 철학의 한 분야로 간주하고, 철학을 "실체에 대한 학문"이자 "원인에 대한 연구"로 정의하며, 수학에는 그저

10) 이는 「식과 그 해석에 대하여」 장에서 모두 나열된다. [역자 주]

"~인 것"을 할당하는 반면 철학에는 "~인 이유"에 대한 탐구를 주요한 과제로 할당함으로써, 윌리엄 해밀턴 경은 단순히 논리학이 더 우월하다고 주장했던 것이 아니라 수학이 위험하고 무용하다고 주장했던 것이다.[11] 그에 따르면 수학적 연구는 "더 미세한 사실들에 대한 탐구와 식별이 필요한 가능성의 황혼에서 예민한 향기와 거의 본능적인 섬세한 재치를 훈련시키지 못했을 뿐만 아니라, 강렬한 명확성과 증명의 쇠사슬을 제외한 모든 것에 대하여 우리의 시야를 흐리게 하고 감각을 둔화시켰으며, 또한 학문의 좁은 한계 밖에 존재하는 모든 전제들에 대한 수동적인 경신 혹은 절대적인 불신으로 내몰았다."[12] 이를 포함한 혐의들을 뒷받침하기 위해 풍부한 논증들과 권위들이 도입되었으나,[13] 나는 이 주장에서 제기된 주제들에 대한 완전한 논의를 시도하지는 않을 것이다. 나의 목적은 논쟁이 아니고, 내가 앞으로 소개할

11) 『edinburgh review』 62호 409쪽 및 『Letter to A.De Morgan.Esq.』 참조

12) 쉽게 말하자면, 해밀턴이 보기에 수학은 순수형식적이어서 구체적인 것을 포착할 수 없으므로 구체적인 현실에 대해서는 그저 믿음의 문제로 귀결되었다는 것이다. [역자 주]

13) 일반적으로 권위보다는 논쟁이 낫다. 수학을 비난하는 글에 인용된 많은 작가들(아리스토Aristo, 세네카Seneca, 제롬Jerome, 아우구스티누스Augustine, 코르넬리우스 아그리파C.Agrippa, 등등)은 다른 학문들에 대해, 특히 논리학에 대해 못지 않게 명백한 반론을 했다. 아그리파의 논문 『De Vanitate Scientiarum』은 분명히 실수로 언급된 것 같다.

연구는 단순한 반발심에서 제시된 것이 아니며, 그보다는 중요하다고 여겨지는 주제에 대하여 타당한 견해를 형성하고자 하는 소망에서 제시된 것이다. 윌리엄 해밀턴 경에 대해서는 그의 천재성과 지식에 대한 존경 외에 다른 평가는 불가능할 것이다.

이미 언급했듯이 철학은 "실체에 대한 학문" 혹은 "원인에 대한 연구"로 설명된다. 이때 원인이라는 단어의 의미에는 그다지 의심의 여지가 없을 것이며, 나아가 "철학은 주로 왜 그러한지에 대해 연구한다"라고 표현되기도 한다. 이러한 정의는 고대의 작가들 사이에서 공통적으로 나타난다. 윌리엄 해밀턴 경의 이론적 스승 중 한 명인 세네카는, "철학자란 자연의 사물들이 갖는 원인을 찾거나 알고 있는 사람들이고, 수학자는 그 개수와 값을 찾거나 계산하는 사람들이다"라고 말했다. (『Epistle 88』 참조) 이 말이 얼마나 신뢰를 받아왔는지와 무관하게, 철학의 과제가 '원인'에 직결된다는 것, 그리고 '법칙'의 연구를 목적으로 하는 모든 학문들이 그만큼 경시되어왔다는 것은 강조될만하다. 말하자면 해밀턴 경의 표현은 오직 수학에 관한 비난이었던 반면, 우리가 인용한 세네카의 편지는 (철학과 대비되는 모든 분야인) 음악, 문법, 수학, 천문학 등에 대한 각각의 비난을 내포한다.

다른 한편 우리는 위에서 언급한 의미의 범위에서 도리어 철학이 불가능하다는, 깊고 반성적이었던 수많은 사람들의 신념에 입각할 수도 있다. 그들은 진정한 학문의 과제가 법칙과 현상에 있다고 결론짓는다. 존재의 본성, 원인의 작용방식, 이유… 이런 것들은 우리 지성이 파악할 수 있는 범위를 벗어난다고 보기 때문이다. 그러나 우리가 이 입장에 동의하려는 것은 아니다. 철학의 목표가 달성가능하든 그렇지 않든 간에, 우리의 도전을 재촉하는 욕망이 우리의 숭고한 자연적 본능이라는 것은 의심의 여지가 없기 때문이다. 오랜 세월 동안의 노력을 좌절시킨 문제가 답이 없는 문제는 아니라는 사실을, 즉 "실체에 대한 학문", 그리고 "철학이 여전히 고뇌 중인 것들의 핵심"인 "원인에 대한 연구"가 인간 지성의 한계를 초과하지는 않는다는 사실을 인정하자. 철학의 본성에 대한 이 견해에 따르면, 나는 '논리학은 철학의 일부가 아니다'라고 주장할 수밖에 없을 것이다. 올바른 분류의 원칙에 따라, 우리는 더 이상 논리학과 형이상학을 연관시키는 대신, 논리학과 수학을 연관시켜야 할 것이다.

만약 내가 책을 완성한 이후에 누군가가 이 점에 대해 의문을 갖는다면, 나는 다음에 쓸 책을 통해 그에게 증거들을 제공해야 할 것이다. 그는 거기서 논리가 기하학과 같이 공리적 진리들에 기초한다는 사실을 알게 될 것이고, 또한 그 정리들은 소위 해석의 토대를 구성하는 기호의 일반적인 공리에 기초한다는 사실을 알게 될 것이다. 아리스토텔레스의 논리학에서 그는 다른 사람에 의해 표현된 학술적 공식들을 한껏 획득할 것이지만, 내가 보기에 그것은 덜 완전한 기호체계로 여겨진다. 나는 이 양립불가능한 두 사상에 대하여 절대적으로 정확한 것이 무엇인지에 대해 논쟁할 수밖에 없다고 느낀다. 논리는 학문을 구성할 뿐만 아니라 그것 자신의 원리의 기원과 본성을 탐구하기도 한다는 결론으로부터 벗어날 수 없다. 수학에 대한 분리주의자들은 "수학적 원리의 기원과 본성을 탐구하는 것은 전적으로 수학자들의 영역을 벗어난다"고 주장하곤 한다. (『Review』 415쪽 참조) 그러나 어떤 근거로 그러한 구분이 받아들여질 수 있는 것인가? 대체 학문이라는 용어의 어떤 정의가 그러한 구분을 허용할 만큼 자의적인가?

이러한 결론을 우리 앞에 놓인 질문에 적용하는 것은 아주 명확하고 결정적이다. 즉 '정밀한 학문으로서의' 논리 연구를 통해 얻을 수 있는 지적 훈련은, 수학적 해석의 연구를 통해 얻을 수 있는 것과 일치한다는 것이다.

그렇다면 논리나 수학이 우리의 사고에 완벽한 훈련을 제공할 수 있다고 주장할 수는 있을까? 이 질문에 대하여 신중하고 편견 없이 검토한다면, 그런 입장이 사실인지 의심하게 될 것이다. 나는 그러한 배타적 주장들 중 하나가 포기되어야 하며, 비슷하게 배타적 성격을 가진 다른 주장들 또한 여기에 포함될 여지가 없다고 믿는다. 올바른 전제들에 도달하는 것과 또 다른 논리적 귀결을 연역하는 것이 별개의 일이라는 것, 그리고 인생의 과업은 후자보다는 전자에 더 많이 의존한다는 것은, 누적된 경험들로부터 깨달은 중요한 사실이다. 정밀한 학문에 대한 연구가 우리에게 어떤 것들을 가르쳐줄 수 있고 또 이외의 것들을 성취하기 위한 지식과 실천의 일반적인 토대를 마련해줄 수 있겠지만, 우리가 보다 충분하고 완전한 성취를 획득해야 할 영역은 바로 생각과 행동의 실용논리적 결합을 통해 이루어지는 인생의 무대일 것이다.

나는 모든 올바른 학문에 대한 우리의 지식이 발전함에 따라 다양한 분야들 사이에서 점점 더 풍부한 조화들이 퍼져나갈 것이라는 확신을 표현하고 싶다. 어떤 것에 대하여 거부하는 관점은 (만약 그것이 일관적이라면) 다른 것들에 대한 거부로도 이어지게 된다. 그리고 실제로 수학적 연구에 반대함으로써 인용된 많은 학자들은 논리에 대한 비난에서 훨씬 노골적이다. 키오스 섬의 아리스토Aristo는 "자연과학은 우리 위에 있지만, 논리학은 우리와 관련이 없다"고 말했다. 그러한 결론이 (종종 그렇듯) 실천적 연구의 탁월한 가치와 중요성에 대한 깊은 확신에 기초할 때에는, 우리는 전제를 인정하더라도 추론에 이의를 제기해야 한다. 고대의 어떤 작가가 잘 표현했듯이, "자유로운 학문이란 우리를 직접 미덕으로 인도하는 것이 아니라 미덕을 위해 우리를 준비시키는 것"이다. 그리고 이는 멜랑크톤Melancthon의 "지식은 습관이 된다"라는 격언으로 발전되었다. 뿐만 아니라 플램스

티드Flamsteed가 뉴턴Newton과 서로 주고 받은 편지에서 "영원한 신의 섭리는 당신과 나의 작업을 통해서 보다 분명하게 이해될 것이다"라 남겼던 표현에는, 진리를 성실히 추구하는 모든 자들이 동의할 수 있을 공통의 근거가 존재한다.

목차

1. 기본원리

전체집단Universe을 나타내기 위해 기호 1을 사용하기로 (또는 하나라 부르기로) 하자. 그리고 개체들끼리 둘 이상의 공통성질을 가질 수 있다는 이유에서 동일한 개체가 둘 이상의 집단class[1]에서 발견될 수 있다고 전제될 때, 전체집단은 고려할 수 있는 모든 집단의 대상들을 (그것들이 실제로 존재하든 존재하지 않든 간에) 포함한다고 이해해보자. 나아가 논리학 논문들에서 통용되는 언어를 따라, X, Y, Z라는 문자를 사용하여 집단의 개별 요소member들을 나타내기로 하자. 이때 X는 특정한 집단의 요소들로서 그 집단에 속하는 모든 요소들에 적용되며, Y는 또 다른 집단의 요소들로서 마찬가지로 그 집단에 속하는 모든 요소들에 적용된다.

1) 이 책에서 부울이 집합set 개념 대신 집단class 개념을 사용한 이유는, x이면 x에 속하지 않게 되는 집합이 존재한다는 러셀Russell의 역설을 공리적으로 해소하고 논하기 위함이다. [역자 주]

다음으로 기호 x, y, z의 집단이 어떤 특징들을 갖는지 살펴보기로 하자.

개체나 집단을 포함한 모든 주어subject에 대해 작용하는 기호 x는, 해당 주어가 포함하는 모든 X들을 선출한 것으로 상정된다. 이와 동일한 방식으로 모든 주어에 대해 작용하는 기호 y 역시 그 안에 포함된 집단 Y의 모든 개체들을 선출한 것으로 상정되며, 기타 다른 기호들도 마찬가지이다.

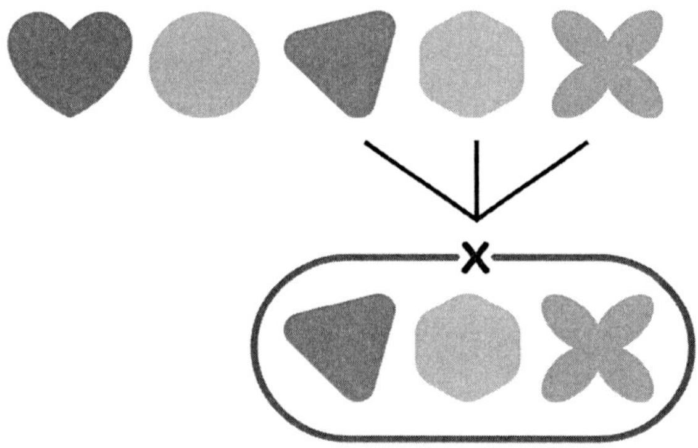

만일 어떤 주어도 표현되지 않았다면, 우리는 1(즉 전체집단)을 생략된 주어subject-understood라고 상정한다. 이 경우 우리는 다음의 공식을 얻을 것이다.

$$x = x \quad \cdots\cdots\cdots\cdots (1)$$

이때 개념의 의미는 그것이 포함하는 모든 X의 전체집단으로부터 선출되는 것이며, 그 연산의 결과는 공통이 되는 집단 X, 즉 각각의 요소가 X인 그런 집단이다.

이러한 전제들에 의하여, 곱 xy는 집단 Y의 선출 그리고 집단 Y로부터 집단 X에 포함된 개체들의 선출이 연속됨을 나타낼 것이며, 결과적으로는 요소들이 X이면서 Y인 그런 집단이 될 것이다. 또한 마찬가지로, 곱 xyz는 집단 Z의 선출, 집단 Z로부터 집단 Y에 포함된 개체들의 선출, 그리고 그렇게 얻어진 결과로부터 집단 X가 포함하는 모든 개체들의 선출이 연속되는 복합적인 연산을 나타낼 것이며, 그 최종 결과는 요소들이 X, Y, Z에 공통이 되는 그런 집단이 될 것이다.

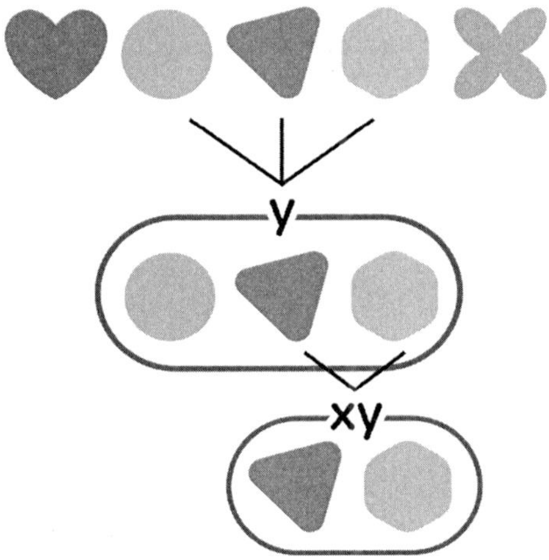

기호 x, y, z가 나타내는 것으로 여겨지는 연산의 본성에 의하여, 우리는 그것들을 선출기호elective-symbol라고 부를 것이다. 나아가 선출기호들이 포함되어 있는 공식을 선출함수elective-function라고 부르며, 요소들이 선출함수들인 그런 방정식을 선출방정식elective-equation이라고 부를 것이다.

여기서 우리가 선출기호로 나타내는 정신적 활동에 대한 분석까지 들어갈 필요는 없을 것이다. 물론 그 개념에 대한 일반적인 통념에 따르는 추상적 작업인 것은 아니다. 왜냐하면 우리는 결코 구체적인 것들에 대한 시선을 놓지 않기 때문이다. 그보다는 우리가 비교적 어디에 주의를 기울이는지의 문제에 관계될 것이다. 현재 우리의 관심사는 오히려 그 선출의 결과로부터 야기된 결합법칙 혹은 연속법칙에 관한 것이며, 이로부터 다음의 내용들을 알아차리기에는 충분할 것이다.

법칙1. 선출행위의 결과는 주어에 대한 그룹화나 분류와는 무관하다.

달리 말해 전체로서 고려되는 대상들에 대한 하나의 그룹으로부터 집단 X를 선출하든, 아니면 그룹을 두 부분으로 나누고서 X를 별도로 선출한 다음 그 결과를 하나의 총합으로 연결하든 간에 문제 되지 않는다.

우리는 방정식을 활용하여 이 법칙을 수학적으로 표현할 수 있다.

$$x(u+v)=xu+xv$$

여기서 (u+v)는 나뉘지 않은 한 묶음의 주어를 나타내며, u와 v는 그것을 구성하는 부분들을 나타낸다.

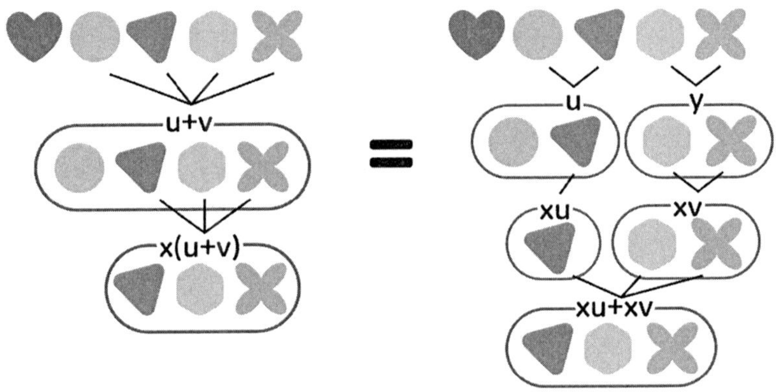

법칙2. **두 번의 연속적인 선출행위가 어떤 순서로 이루어지는지는 중요하지 않다.**

가령 우리가 뿔이 달린 동물들의 집단 안에서 양들을 선출하든, 또는 양들의 집단에서 뿔이 달린 동물들을 선출하든, 그 결과에는 영향을 주지 않는다. 어느 경우든지 우리는 '뿔이 달린 양들'이라는 집단에 도달하기 때문이다.

이 법칙을 기호들을 사용하여 공식화하면 다음과 같다.

$$xy=yx$$

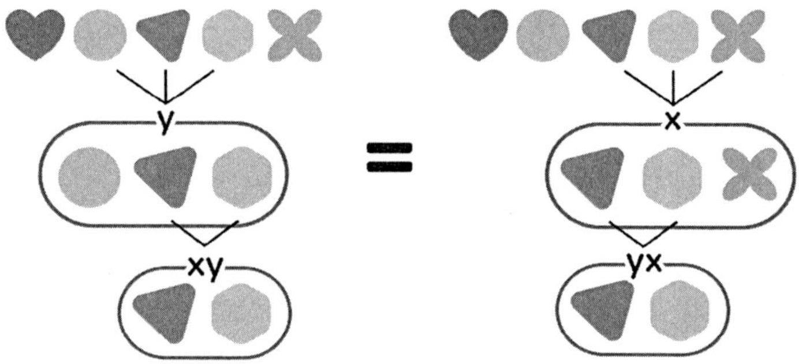

법칙3. **하나의 주어진 선출행위가 두 번 이상 연속하여 이루어진 결과는, 그 행위가 한 번 행하여진 결과와 같다.**

만약 대상들의 그룹에서 X들을 선출한다면, 우리는 모든 요소들이 X들인 집단을 얻는다. 만약 이 집단에서 연산을 반복한다 하더라도 더 이상의 변화는 일어나지 않는다. X를 선출함으로써 그 전부를 얻은 셈이다. 따라서 우리는 다음의 공식을 얻게 된다.

$$xx=x \quad \text{또는} \quad x^2=x$$

나아가 동일한 연산이 n번 이루어진다고 가정함으로써, 우리는 다음의 결론을 얻는다.

$$x^n=x$$

이것이 법칙3에 대한 공식이다.[2)]

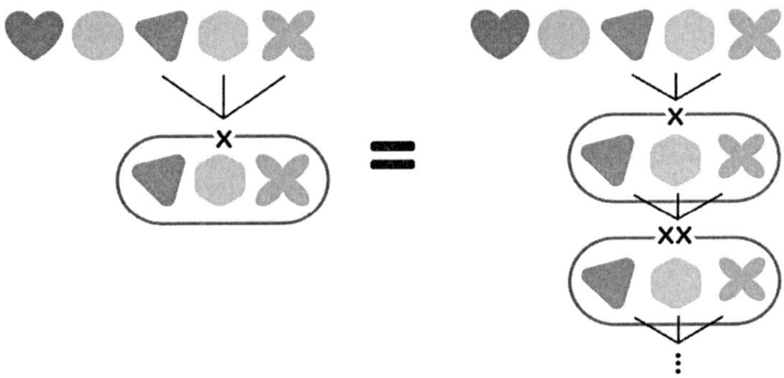

2) 선출기호 x의 역할은 집단 X 안에 포함된 개체들을 선택하는 것이다. 집단 X가 전체를 포괄한다고 가정해보자. 그러면 (집단 Y가 무엇이든 간에) 우리는 다음을 얻는다.

$$xy=y$$

여기서 적어도 하나의 해석에서만큼은 x가 수행하는 역할이 기호 +와 일치하기 때문에, 지수법칙에 의하여 아래의 공식을 얻을 수도 있다.

$$+^n=+$$

이는 선출기호에 대한 잘 알려진 특성 중 하나이다.

우리가 기호를 통해 공식으로 확립한 법칙들을 정리해보자.

$$x(u+v)=xu+xv \quad \cdots\cdots (1)$$

$$xy=yx \quad \cdots\cdots (2)$$

$$x^n=x \quad \cdots\cdots (3)$$

위 법칙들은 계산의 토대로 쓰이기에 충분하다. 첫 번째의 선출기호는 분배적distributive이고, 두 번째의 선출기호는 교환적commutative이다. 이는 양quantity3)을 나타내는 기호들을 비롯하여 일반적으로 통용되는 속성들이며, 그 덕분에 일반대수학의 모든 과정들이 현재의 이론에 적용가능하다. 이러한 적용에 내재된 하나의 충분한 공리는, 바로 **동일한 주어에 대해 수행된 동일한 연산은 언제나 동일한 결과를 낳는다**는 것이다.4)

3) 고전논리에서 양이란 대개 전칭(모든)과 특칭(어떤)으로 나뉜다. 다만 이 책을 비롯하여 수학분야에서는 수적인numerical 것들을 아우르는 개념으로 사용되는 편이다. [역자 주]

4) 일반적으로 논리학자들은, 모든 추론이 궁극적으로는 아리스토텔레스의 전체와 무의 원리victim de omni et nullo("어떤 사물들의 집단에 대하여 전체적으로 서술되는 것은, 언제나 그 집단에 속하는 개개의 사물에 대하여 같은 방식으로 서술될 수 있다")에 기반한다고 주장한다. 그러나 이 원리가 모든 경우에서 즉각적으로 적용될 수 있는 것이 아니며, 대부분의 경우 사전에 특정한 정리과정이 필요하다는 사실은 중요하다. 그런데 그 정리과정에 포함되는 사항들은 무엇인가? 분명히 그 사항들은 일반적인

마지막으로 우리는 세 번째 법칙을 지수법칙index-law이라고 명명할 것이다. 이 또한 선출기호들의 고유한 속성이며, 해석의 과정에서 얻어지는 공식들의 결과를 정리하는 데에 매우 중요할 것이다.

대수학적 절차들이 이러한 이론에 적용될 수 있을 상황이라는 점에서, 선출방정식에 대한 해석이 대수학적 절차들과 완전히 무관할 것 같지는 않다. 참에 대한 공식은 타당한 연산에 의해 부정될 수 없겠지만, 제한될 수는 있다. 가령 'y=z'라는 방정식은

추론에서 원리 자체만큼이나 큰 부분을 차지할 것이다.
이 문제를 고려하는 또 다른 방식은, 모든 추론을 다음의 기준들 중 하나로 분석하는 것이다.
1. 만약 두 개의 항이 각각 세 번째 항과 일치한다면, 앞의 두 항은 서로 일치한다.
2. 만약 어떤 항이 세 번째 항과 일치하고 또 다른 항은 세 번째 항과 일치하지 않는다면, 이러한 두 항은 서로 일치하지 않는다.
그러나 이러한 기준들의 적용은 앞에서 정리과정이라 불렀던 것을 비롯한 정신적 행위들에 달려있다. 즉 우리는 그 기준들을 따르기 이전에 우선 집단에서 개체들을 선택하고 명제를 변환해야 한다. 추론과정에서 정신이 수행하는 작동원리를 인식과 적용에 대한 기본적인 사실들을 통해 나타내지 않는다면, 추론에 대한 그러한 설명은 불충분하다.
문제되는 법칙들은 계산의 토대가 되는 방정식에 의해 적절하게 표현되어있다고 보인다. 모든 결과가 일반적인 추론에 의해 도달될 수 있다는 사실은, 명제를 공식화할 가능성과 그 과정에서의 결과들을 기술할 가능성을 통해 증명될 수 있을 것이다.

집단 Y와 집단 Z가 각각의 요소에 대하여 동치라는 것을 의미하는데, 여기서 양변에 인수 x를 곱하면 다음의 식을 얻을 수 있다.

$$xy=xz$$

이는 집단 X와 집단 Y에 공통인 개체들이 또한 집단 X와 집단 Z에도 공통이라는 것을 (그리고 그 역도 성립한다vice-versa는 것을) 나타낸다. 이것은 완벽하게 타당한 추론이기는 하지만, 그것이 주장하는 내용은 기존의 명제에서 주장된 내용보다는 덜 일반적이다.

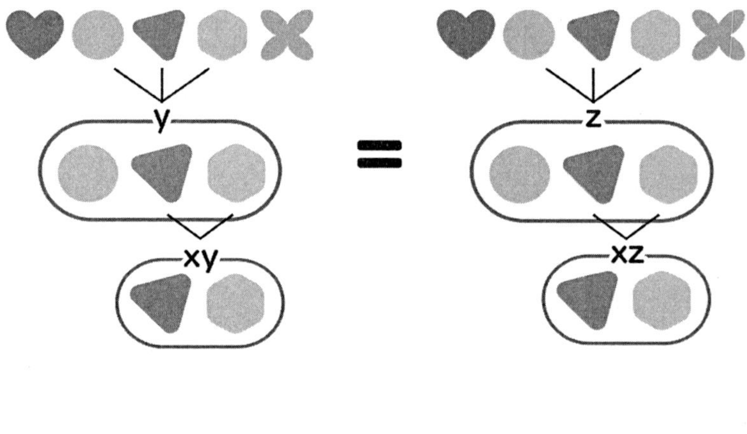

2. 식과 그 해석에 대하여

명제는 긍정문이거나 부정문이거나 둘 중 하나다. 예를 들어, "모든 사람은 죽는다"는 긍정문이고, "모든 생물은 독립적이지 않다"는 부정문이다.

명제는 필연적으로 두 개의 개념term을 가진다. 예를 들면, '사람' 그리고 '죽는다'. 전자는 (즉 명제에서 말해지고 있는 바로 그것은) 주어subject라고 불린다. 후자는 (즉 주어를 긍정하거나 부정하고 있는 것은) 술어predicate라고 불린다. 주어와 술어는 계사copula('~는 …이다', '~는 …이 아니다') 혹은 존재동사의 또 다른 변형들에 의하여 서로 연결되어있다.

논리에서 인정되는 동사는 오직 존재동사substantive-verb뿐이다. 다른 동사들의 경우에는 to부정사, 분사, 형용사 등을 활용하여 존재동사로 재구성되어야 한다. 예를 들면, "호만스는 승리했다"라는 명제를 보자. 여기서 '승리했다'는 개념은 '승리자(술어)+~는 …였다(계사)'와 동치이므로 술어이면서 계사이기도 하다.

명제는 언제나 긍정명제affirmative이거나 부정명제negative이거나 둘 중 하나여야 하며, 전칭명제universal이거나 특칭명제particular이거나 둘 중 하나여야 한다. 이로써 우리는 네 가지 종류의 순수한 정언명제categorical-proposition들을 모두 파악할 수 있게 된다.

첫째로 전칭긍정명제. 일반적으로 A라고 표현된다.

"모든 X는 Y이다"

둘째로 전칭부정명제. 일반적으로 E라고 표현된다.

"모든 X는 Y가 아니다"

셋째로 특칭긍정명제. 일반적으로 I라고 표현된다.

"어떤 X는 Y이다"

넷째로 특칭부정명제. 일반적으로 O라고 표현된다.

"어떤 X는 Y가 아니다"[5)]

5) 이상의 내용은 알드리치Aldrich와 웨이트리Whately의 논문을 간접인용한 것이다.

1. 집단 'not-X'의 공식화

집단 not−X는 X가 아닌 모든 개체들을 포함하는 집단이다. 그러므로 집단 X와 집단 not−X의 합은 곧 전체집단과 같다. 그런데 전체집단은 1이고, 집단 X는 기호 x에 의해 표현되므로, 집단 not−X는 기호 1−x에 의해 표현될 것이다.

어떤 특정한 주어에 붙어있는 기호 1−x의 역할은, 그것이 포함하는 모든 not−X를 선출하는 일과 같을 것이다.

그리고 마찬가지로, 마치 곱 xy가 X이면서 Y인 요소들의 집단에 대한 공식인 것처럼, 마찬가지로 기호 y(1−x)는 Y이지만 X는 아닌 요소들의 집단을 나타내며, 기호 (1−x)(1−y)는 X도 아니고 Y도 아닌 요소들의 집단을 나타낸다.

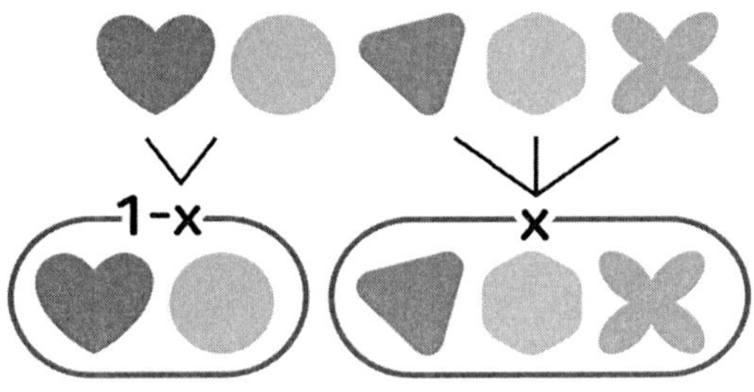

2. 명제 '모든 X는 Y이다'의 공식화

존재하는 모든 X들이 집단 Y에 속할 때. 즉, Y의 전체집단으로부터 X를 선출한 것이 X의 전체집단을 선출한 것과 동일할 때.

따라서 다음의 공식을 얻을 수 있다.

$$xy=x \text{ 또는 } x(1-y)=0 \quad \cdots\cdots\cdots\cdots (4)$$

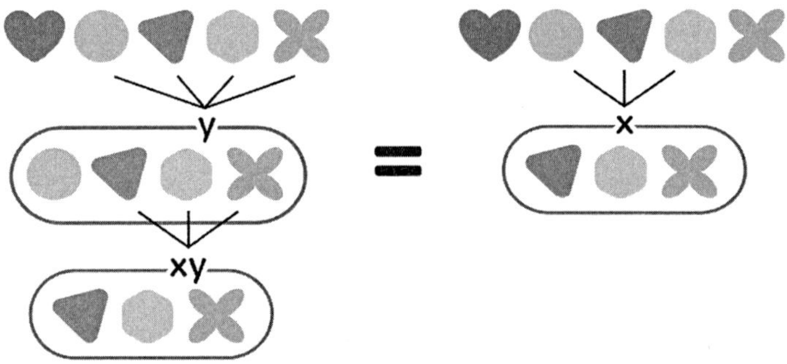

3. 명제 '모든 X는 Y가 아니다'의 공식화

모든 X는 Y가 아니라고 주장하는 것은, 집단 X와 집단 Y에 공통적으로 속하는 어떤 개념도 존재하지 않는다고 주장하는 것과 같다. 그런데 집단 X와 집단 Y에 공통적인 개체들을 통틀어 xy라고 표현하므로, 명제 '모든 X는 Y가 아니다'는 아래와 같이 공식화될 것이다.

$$xy=0 \quad \cdots\cdots (5)$$

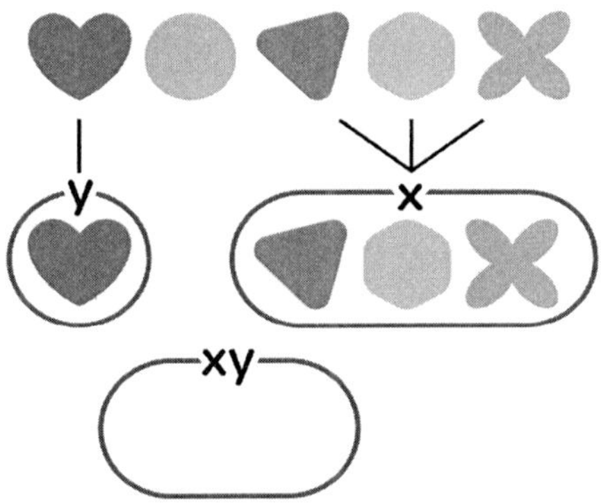

4. 명제 '어떤 X는 Y이다'의 공식화

만약 어떤 X가 Y라면, 집단 X와 집단 Y에 공통적으로 속하는 하나 이상의 개념들이 존재할 것이다. 그 개념들이 별도의 선출기호 v에 해당하는 별도의 집단 V를 구성한다고 가정하자. 그러면 아래의 공식을 얻는다.

$$v=xy \quad \cdots\cdots (6)$$

여기서 v는 집단 X와 집단 Y에 공통되는 모든 개념들을 포함하기 때문에, 우리는 v를 어떤 X라고 해석할 수도 있고, 아니면 어떤 Y라고 해석할 수도 있다.

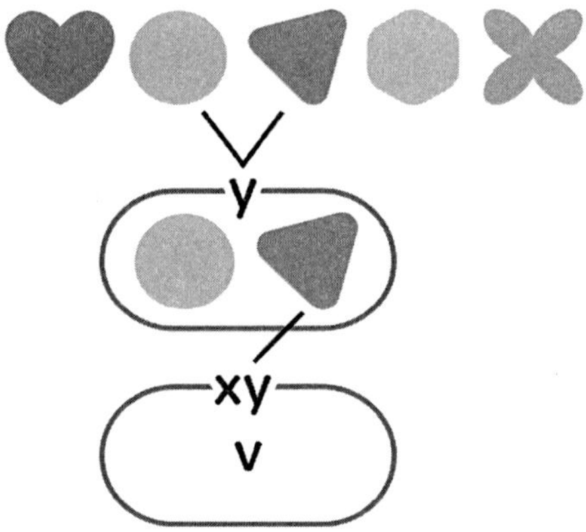

5. 명제 '어떤 X는 Y가 아니다'의 공식화

방정식 (6)에서 y를 (1−y)로 바꾸기만 하면, 우리는 다음의 공식을 얻을 수 있다.

$$v=x(1-y) \quad \cdots\cdots (7)$$

이때도 마찬가지로 v를 어떤 X라고 해석할 수도 있고, 아니면 어떤 not−Y라고 해석할 수도 있다.

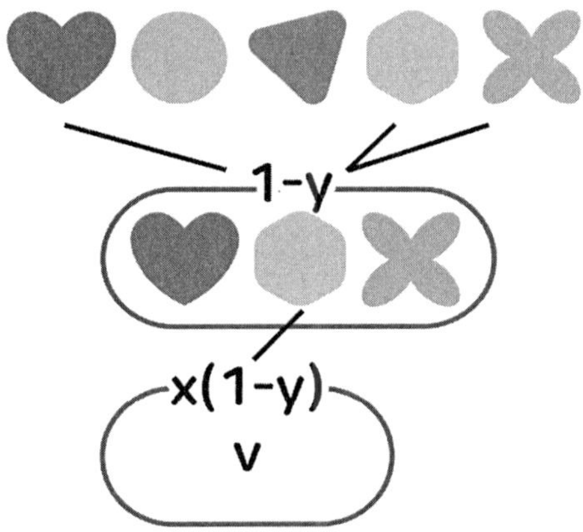

위에서 나열한 방정식들은 정언명제들에 대한 완전한 이론이며, 논리적인 연역추론을 분석하는 데 있어서는 부족함이 없다. 다만 방정식 (3)과 방정식 (4)에서 연역될 수 있으면서도 유사한 활용이 가능한 몇몇의 특정한 공식들은 짚고 넘어가는 것이 좋겠다.

만약 방정식 (6)의 양변에 x를 곱한다면, 우리는 방정식 (3)에 의하여 다음의 공식을 얻는다.

$$vx=x^2y=xy$$

또한 방정식 (6)에 다시 위 식을 대입한다면, 새로운 공식을 얻을 수 있다.

$$v=vx \text{ 또는 } v(1-x)=0 \quad \cdots\cdots (8)$$

그리고 방정식 (6)의 양변에 y를 곱한다면, 그리고 위와 같은 순서로 정리한다면, 또 다른 공식을 얻을 수도 있다.

$$v=vy \text{ 또는 } v(1-y)=0 \quad \cdots\cdots (9)$$

공식 (8)과 공식 (9)를 합쳐보면, 아래의 공식으로 정리된다.

$$vx=vy=v \quad \cdots\cdots (10)$$

나아가 공식 (8)과 공식 (9)를 방정식 (4)에 대입해보면, 우리는 동치를 통한 방정식들의 정리에 의하여 다음의 명제들을 획득하게 된다.

"모든 V는 X이다"
"모든 V는 Y이다"

정리 (10)은 단일방정식 (6)을 대체할 수 있고, 또는 아래의 단일방정식을 대체할 수도 있다.

$$vx=vy \quad \cdots\cdots (11)$$

단일방정식 (11)은 vx를 어떤 X라고 해석할 수도 있고, vy를 어떤 Y라고 해석할 수도 있다. 그러나 이것은 단일방정식 (6)만큼 자주 사용되지는 않는다는 것이 느껴질 것이다. 실제로 두 공식 모두 명제 '어떤 X는 Y이다'를 의미하기는 하지만, 정리 (10)은 집단 V가 집단 X와 집단 Y에 공통되는 '모든' 개념들을 포함한다는 것을 의미하지는 않는다.

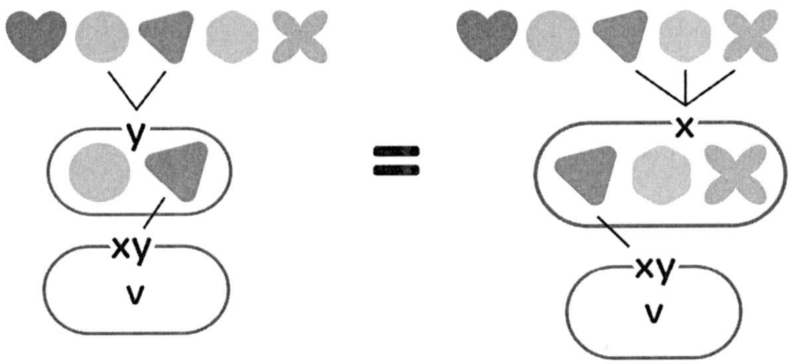

마찬가지로 명제 '어떤 X는 Y가 아니다'를 표현하는 방정식 (7)로부터, 우리는 다음의 정리를 연역할 수 있다.

$$vx=v(1-y)=v \quad \cdots\cdots\cdots\cdots (12)$$

이때 v(1−y)는 어떤 not−Y라고 해석될 수 있다. 다만 이 경우에는 vy의 값이 0이기 때문에, 우리는 vy를 어떤 Y라고 해석하지 않도록 주의해야 한다.

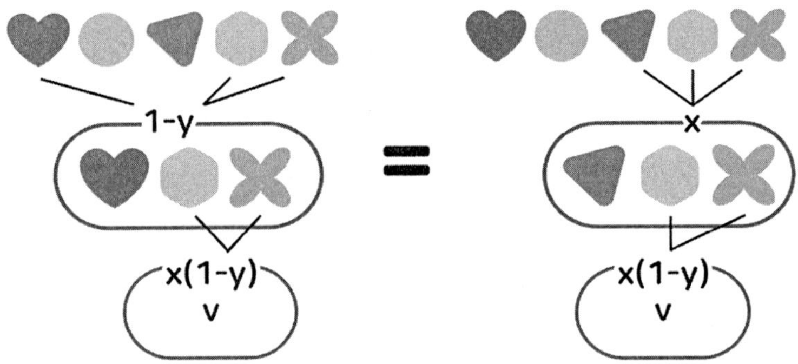

정리 (12)의 앞부분을 떼어내면 다음을 얻는다.

$$vx=v(1-y)$$

이 식의 양변에 y를 곱하면 다음을 얻는다.

$$vxy=vy(1-y)$$

따라서 아래의 공식화가 가능하다.

$$\therefore\ vxy=0 \quad \cdots\cdots\cdots\cdots\cdots\cdots\cdots\cdots \ (13)$$

이것은 앞으로도 가끔씩 등장할 공식이다. vx가 어떤 X를 나타낸다는 조건은 ('어떤 X는 Y가 아니다'를 포괄하는 공식 (5)로 인하여) 집단 V에서 발견되는 모든 X들로 이루어진 주어를 나타낸다는 것이기 때문에, 이를 해석하기 위하여 최초의 방정식으로 되돌아갈 필요는 없다.

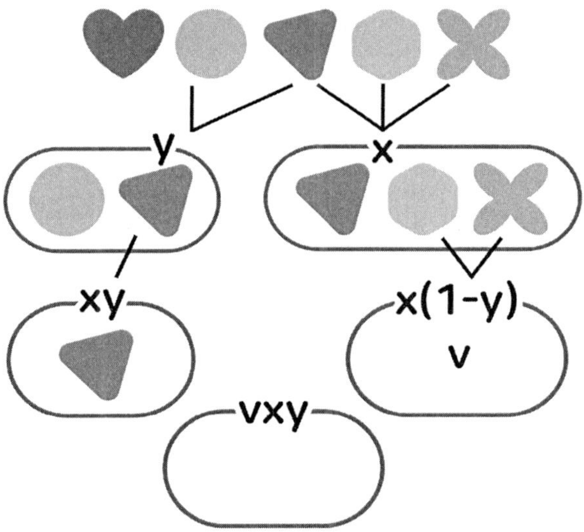

일반적으로 이러한 경우들에서 공식의 형태적 차이는 보조기호 v에 관한 해석의 차이를 의미하며, 각각의 형태를 그 자체로 해석해도 괜찮다.

뿐만 아니라 이러한 차이들은 계산을 하는 데에 있어 불필요한 혼란을 야기하지 않는다. 향후 우리는 이러한 차이들이 결론에 정확성과 결정성을 부여한다는 사실을, 반대로 이러한 차이들이 없었다면 정확성과 결정성은 확보될 수 없었을 거라는 사실을 알게 될 것이다.

마지막으로, 우리는 특정한 사실이 표현되는 모든 방정식들이, 특정한 (특칭명제들의 연역에 필요한) 일반명제를 나타내는 일반방정식으로부터 연역가능하다는 것을 강조할 수 있다. 이것은 이미 부분적으로 살펴보았지만, 다음의 도식에서 보다 더 완전하게 예시될 것이다.

다음의 일반방정식을 살펴보자.

$$x=y$$

이는 집단 X와 집단 Y의 모든 요소들이 동치라는 것을 의미한다. 달리 말해 모든 개체들은 한 집단에 속하면서 동시에 다른 집단에 속한다. 공식 $x=y$의 양변에 x를 곱하면 다음과 같다.

$$x^2=xy$$

따라서 다음의 공식을 얻는다.

$$x=xy$$

이것은 공식 (4) 즉 '모든 X는 Y이다'를 의미한다. 반면에 공식 $x=y$의 양변에 y를 곱하면 다음과 같다.

$$y=xy$$

이것은 '모든 Y는 X이다'를 의미한다. 이 공식들 중 하나를, 가령 후자를 예로 들어보자. 일단 다음의 형태로 바꾸어 쓸 수 있다.

$$(1-x)y=0$$

우리는 위 식을 미지수 y가 x의 관점으로 표현되는 방정식이라고 간주할 수 있다. 이제 우리가 (치환substitution을 통해 검증될 수 있는) 선출방정식의 해solution를 찾고자 할 때, 이 방정식의 가장 일반적인 해는 다음과 같다.

$$y=vx$$

이는 모든 Y가 X이고, 어떤 X가 Y라는 것을 의미한다. 여기서 양변에 x를 곱하면 다음을 얻는다.

$$vy=vx$$

마찬가지로 이는 어떤 Y는 X이고, 어떤 X는 Y라는 것을 의미하며, 우리가 이전에 다루었던 공식 중 하나이다.

이 책을 참고할 연구자들의 편의를 위하여 위의 결과 및 몇몇 다른 결과들을 별도의 표로 분류해두었다. 첫 번째 열에는 명제, 두 번째 열에는 방정식, 세 번째 열에는 최종적인 해석조건을 포함하였다. 이 열에 주어진 보조방정식auxiliary-equation들은 각각 독립적이지 않다는 사실을 눈여겨보아야 한다. 물론 그것들은 두 번째 열의 방정식이나 v의 해석조건에서 암시된다. 그러나 더 편리한 활용을 위해 그것들을 별개로 작성하는 것이 더 낫겠다고 판단했다. 마지막으로, 비록 각 특칭명제의 표현을 위하여 세 가지 서로 다른 공식들이 주어질지라도, 모든 것이 실제로는 첫 번째 공식에 포함된다는 것을 명심해야 한다.

<table>
<tr><td>집단 X</td><td>x</td><td></td></tr>
<tr><td>집단 not-X</td><td>$1-x$</td><td></td></tr>
<tr><td>모든 X는 Y이다</td><td rowspan="2">$x=y$</td><td></td></tr>
<tr><td>모든 Y는 X이다</td><td></td></tr>
<tr><td>모든 X는 Y이다</td><td>$x(1-y)=0$</td><td></td></tr>
<tr><td>모든 X는 Y가 아니다</td><td>$xy=0$</td><td></td></tr>
<tr><td>모든 Y는 X이다</td><td rowspan="2">$y=vx$</td><td>$vx=$어떤 X</td></tr>
<tr><td>어떤 X는 Y이다</td><td>$v(1-x)=0$</td></tr>
<tr><td>모든 Y는 X가 아니다</td><td rowspan="2">$y=v(1-x)$</td><td>$v(1-x)=$어떤 not-X</td></tr>
<tr><td>어떤 not-X는 Y이다</td><td>$vx=0$</td></tr>
</table>

<table>
<tr><td rowspan="3">어떤 X는 Y이다</td><td>v=xy</td><td>v=어떤 X 또는 어떤 Y</td></tr>
<tr><td>또는 vx=vy</td><td>vx=어떤 X, vy=어떤 Y</td></tr>
<tr><td>또는
vx(1−y)=0</td><td>v(1−x)=0, v(1−y)=0</td></tr>
<tr><td rowspan="3">어떤 X는 Y가 아니다</td><td>또는
v=x(1−y)</td><td>v=어떤 X 또는 어떤
not−Y</td></tr>
<tr><td>또는
vx=v(1−y)</td><td>vx=어떤 X,
v(1−y)=어떤 not−Y</td></tr>
<tr><td>또는 vxy=0</td><td>v(1−x)=0, vy=0</td></tr>
</table>

3. 명제의 변환에 대하여

첫째로 어떤 명제에서 개념들의 위치가 바뀔 수 있을 때, 그 명제는 변환된다converted고 불린다. 그리고 그것 외에는 아무것도 하지 않을 때, 이를 단순변환simple-conversion이라 부른다.

예를 들어, "모든 현자는 폭군이 아니다"는 "모든 폭군은 현자가 아니다"로 변환된다.

둘째로 논리학자들은 우연에 의해[6] 혹은 제한에 의해 이루어지는 변환을 안다.

예를 들어, "모든 새는 동물이다"는 "어떤 동물은 새이다"로

6) 여기서 부울이 사용한 개념은 per accidens(다른 것에 의해)로, 이는 철학사에서 per se(그 자체에 의해)에 반대되는 개념이다. 가령 이데아/창조주/실체 등은 오직 그것 자신의 정의 혹은 본질에 의해 필연적으로 존재하는 per se 존재자이며, 현상/피조물/양태 등은 전자 혹은 또 다른 후자들 간의 인과에 의해 우연적으로 존재하는 per accidens 존재자이다. [역자 주]

변환된다.

셋째로 대우contraposition에 의해 혹은 부정negation에 의해 이루어지는 변환도 있다.

예를 들어, "모든 시인은 천재다"는 "천재가 아닌 사람은 시인이 아니다"로 변환된다.

모든 명제들은 위 세 가지 방법들 중 하나를 사용하여 변환시킬 수 있다. 즉, E와 I는 단순변환이 가능하고, A와 O는 부정에 의한 변환이 가능하며, A와 E는 제한에 의한 변환이 가능하다.

기초적인 표준형식canonical-form들에 대해서는 그 명제들에 대응하는 공식을 이미 아래와 같이 규정해둔 바 있다.

"모든 X는 Y이다"는 "$x(1-y)=0$"로 표현된다, ········ (A)
"모든 X는 Y가 아니다"는 "$xy=0$"로 표현된다, ········· (E)
"어떤 X는 Y이다"는 "$v=xy$"로 표현된다, ··················· (I)
"어떤 X는 Y가 아니다"는 "$v=x(1-y)$"로 표현된다, ·· (O)

이 정리에 나온 E와 I에서, 우리는 x와 y가 대칭적symmetrical이라는 사실을 알 수 있다. 즉 x가 y로 바뀌고 y가 x로 바뀌면서도 방정식은 망가지지 않고 유지된다. 따라서 E와 I는 각각 다음과 같이 해석될 수 있다.

"모든 Y는 X가 아니다", ………………… (E)

"어떤 Y는 X이다", ……………………… (I)

이로써 **전칭부정명제와 특칭긍정명제는 단순변환이 가능한 명제이다**라는 논리학에서의 유명한 규칙이 증명되었다.

방정식 A와 O는 다음과 같은 형태로 전개될 수 있다.

$$(1-y)\{1-(1-x)\}=0 \quad \cdots\cdots\cdots\cdots \text{(A)}$$

$$v=(1-y)\{1-(1-x)\} \quad \cdots\cdots\cdots\cdots \text{(O)}$$

이제 이 방정식에서 x를 1−y로, y를 1−x로 바꾸면 얻게 될 수밖에 없는 형태들이 존재한다. 이 형태는 원래의 명제에서 X를 not−Y로, Y를 not−X로 바꾸어 나타낸 것과 같으며, 결과적으로는 다음의 명제가 된다.

"모든 not−Y는 not−X이다"

"어떤 not−Y는 not−X가 아니다" ……… (a)

아니면 O의 두 번째 요소에서 인수들의 순서를 단순변환하여 다음의 식으로 적어보자.

$$v=(1-y)x$$

그러면 I에 의해 명제 (a)는 다음의 형태로 해석될 수 있다.

"어떤 not−Y는 X이다"

이로써 **전칭긍정명제와 특칭부정명제는 부정에 의한 변환 혹은 소위 대우에 의한 변환이 가능한 명제이다**라는 규칙이 증명되었다.

방정식 A와 E를 다음과 같은 형태로 적어보자.

$$(1-y)x=0 \quad \cdots\cdots\cdots \quad (A)$$

$$yx=0 \quad \cdots\cdots\cdots \quad (E)$$

이것은 아래의 각 방정식에 속하는 x의 값을 치환함으로써, 그리고 그 방정식이 기호 v가 무엇인지와 무관하게 만족된다는 사실을 확인함으로써, 각 형태의 정확성을 증명할 수 있다.

$$x=vy$$

$$x=v(1-y)$$

첫 번째 해는 다음과 같이 해석될 수 있다.

"어떤 Y는 X이다"

그리고 두 번째 해는 다음과 같이 해석될 수 있다.

"어떤 not-Y는 X이다"

이로써 **전칭긍정명제와 전칭부정명제는 제한에 의한 변환 혹은 소위 우연에 의한 변환이 가능한 명제이다**라는 규칙이 증명되었다.

이상의 변환법칙들은 웨이트리[Whately] 주교에 의해 도입되었다. 그러나 부정에 의한 변환의 가능성에 대해서는 학자들마다 의견이 다르다. 이 문제는 우리가 not-X 및 not-Y와 같은 개념들을 사용하는 데에 동의할 것인지에 달려있다. 비록 내가 그 개념들이 명제의 분류를 바꾸더라도 그러한 개념들을 인정해야만 한다고 생각하는 사람들의 의견에 동조하면서도, 나는 그들이 만든 현재의 분류에 오류와 결함이 있다는 사실을 느낄 수밖에 없다. 이를테면 "모든 X는 Y가 아니다"를 "모든 Y는 not-X이다"로 변환하는 것은 완전히 타당하지만, 위의 정리에 의해서는 인정되지 않는다. 그러므로 이 주제를 보다 충분히 검토하는 것이 필요해 보인다.

만약 우리가 얻은 방정식들의 정리에서, 변환법칙들뿐만 아니라 명제들에 대한 일반적인 변형법칙까지 연역하기 위해 노력한다면, 우리는 각각의 수학적 추론과정에 대응될 아래의 용어들을 모두 알고 넘어가야 할 것이다.

첫째. 개념의 부정.

즉, X를 not-X로 바꾸거나 not-X를 X로 바꾸는 것.

둘째. 한 분류에서 다른 분류로의 번역.

가령 "모든 X는 Y이다"를 "어떤 X는 Y이다"로 타당하게 바꾸는 것, 혹은 "모든 X는 Y이다"를 "모든 X는 Y가 아니다"로 부당하게 바꾸는 것.

셋째. 명제의 단순변환

어떤 단순변환이 타당한 추론과정이기 위해서 지켜져야 할 조건은, 바로 명제들이 표현된 방정식들로부터 연역될 수 있어야 한다는 것이다.

다음의 정리를 상기해보자.

"모든 X는 Y이다"는 "$x(1-y)=0$"로 표현된다, ······· (A)
"모든 X는 Y가 아니다"는 "$xy=0$"로 표현된다, ····· (E)

여기서 E를 다음과 같이 전개해보자.

$$x\{1-(1-y)\}=0$$

이 공식은 아래와 같이 일종의 A로서 해석할 수 있다.

"모든 X는 not-Y이다"

이로써 우리는 "모든 X는 Y가 아니다"는 "모든 X는 not-Y이다"로 변형이 가능하다는 사실을 알 수 있다. 마찬가지로, 일종의 E로서 해석된 A는 다음과 같다.

"모든 X는 not-Y가 아니다"

이로써 우리는 "모든 X는 Y이다"는 "모든 X는 not-Y가 아니다"로 변형이 가능하다는 사실을 알 수 있다.

이러한 사례들로부터 우리는 다음의 규칙을 얻게 된다.

전칭긍정명제는 술어의 부정을 통하여 전칭부정명제로 변환가능하며, 그 역도 마찬가지이다.

돌아와서, 다음의 정리를 상기해보자.

"어떤 X는 Y이다"는 "v=xy"로 표현된다, ………………… (I)
"어떤 X는 Y가 아니다"는 "v=x(1−y)"로 표현된다, ‥ (O)

이 방정식들은 오직 v라는 개념이 존재한다는 부분에서만 앞에 고려된 방정식들과 차이를 가질 뿐이다. 그러므로 동일한 추론이 적용될 수 있으며, 우리는 다음의 규칙을 얻게 된다.

특칭긍정명제는 술어의 부정을 통하여 특칭부정명제로 변환가능하며, 그 역도 마찬가지이다.

다시 전칭명제들을 살펴보자.

"모든 X는 Y이다"는 "$x(1-y)=0$"로 표현된다, ······· (A)

"모든 X는 Y가 아니다"는 "$xy=0$"로 표현된다, ····· (E)

양변에 v를 곱하면 다음을 얻는다.

$$vx(1-y)=0$$

$$vxy=0$$

이는 다음과 같이 해석될 수 있다.

"어떤 X는 Y이다", ························ (I)

"어떤 X는 Y가 아니다", ·················· (O)

따라서 (주어나 술어의 부정 없이도,) **전칭긍정명제는 특칭긍정명제로, 전칭부정명제는 특칭부정명제로 변환가능하다.**

위의 사항들을 이미 증명된 단순변환의 규칙과 결합시킨다면, 우리는 다음의 변형법칙들을 새로이 정립할 수 있다.

법칙1. 긍정명제는 술어 개념의 부정과 함께 그에 상응하는 부정명제로 (즉 A가 E로, 아니면 I가 O로) 변환가능하며, 그 역도 마찬가지이다.

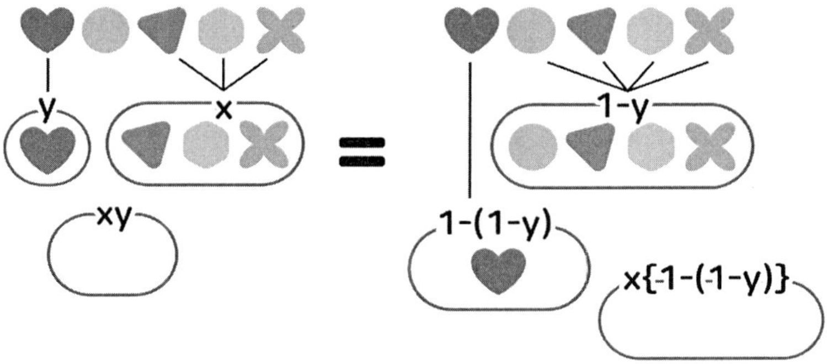

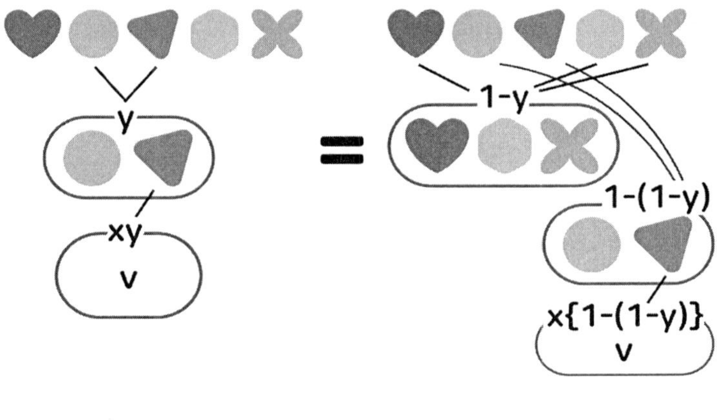

법칙2. 전칭명제는 그에 상응하는 특칭명제로 (즉 A가 I로, 아니면 E가 O로) 변환가능하다.

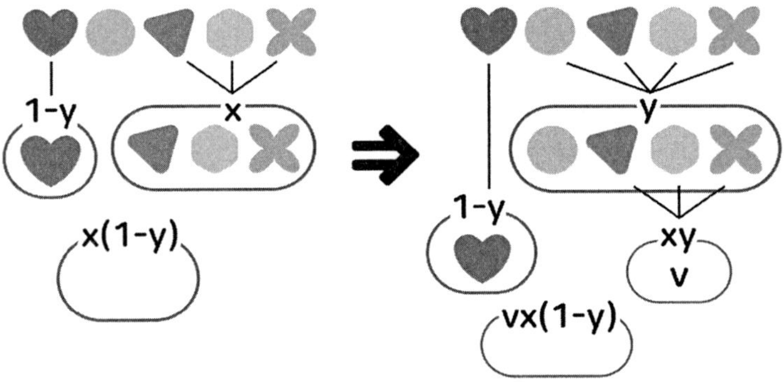

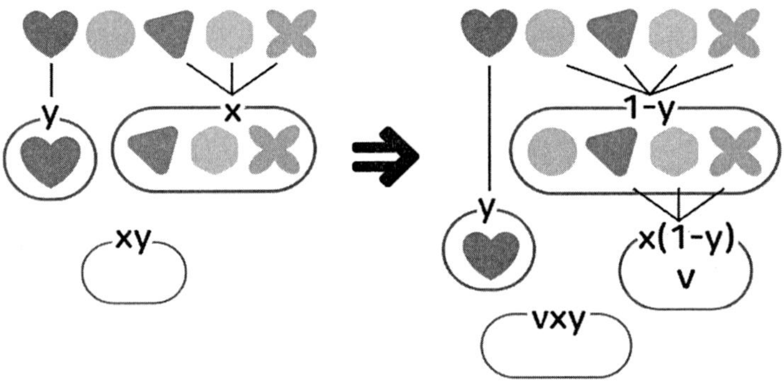

법칙3. **특칭긍정명제나 전칭부정명제에서 개념들은 상호적으로mutually 변환가능하다.**

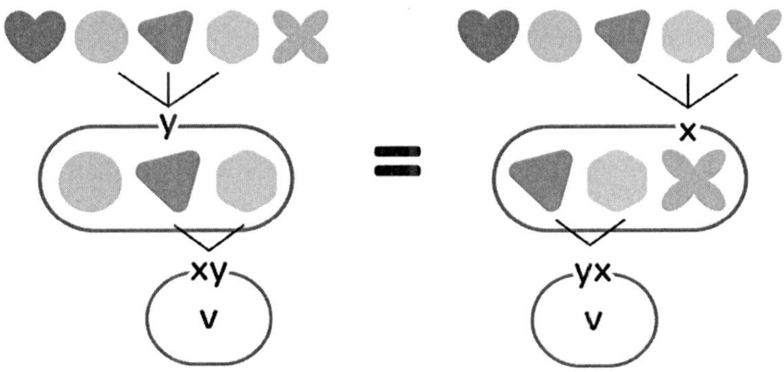

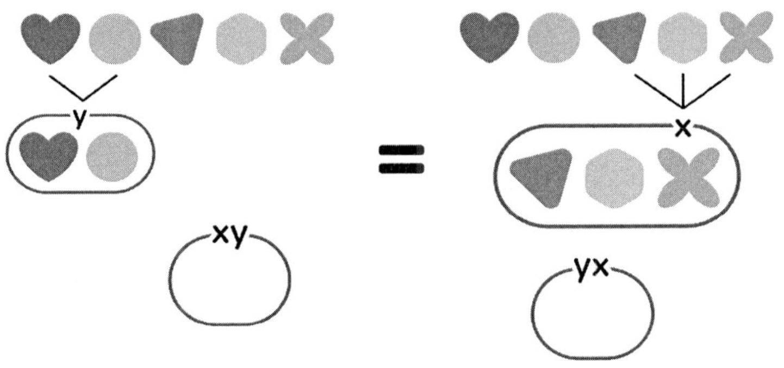

이때 개념의 부정이란 X를 not-X로 바꾸는 것이며, 그 역도 마찬가지이다. 다만 개념의 부정 자체가 명제의 분류에 영향을 미친다고 간주되지는 않는다.

모든 타당한 변형은 위에서 언급한 규칙들로 정리될 수 있다. 따라서 우리는 다음과 같이 전개할 수 있다.

"모든 X는 Y이다"
→ (법칙1에 의해) "모든 X는 not-Y가 아니다"
→ (법칙3에 의해) "모든 not-Y는 X가 아니다"
→ (법칙1에 의해) "모든 not-Y는 not-X이다"

이는 부정에 의한 변환의 한 증명사례이다. 또한 우리는 다음과 같이 전개할 수도 있다.

"모든 X는 Y가 아니다"
→ (법칙3에 의해) "모든 Y는 X가 아니다"
→ (법칙1에 의해) "모든 Y는 not-X이다"

이는 전에 이미 증명하였던 사례를 다시 풀어 쓴 것이다.

4. 삼단논법에 대하여

삼단논법syllogism이란 전제premise라고 불리는 두 개의 명제와 그것들의 논리적 귀결이자 결론conclusion이라고 불리는 한 개의 명제로 이루어진, 그 세 개의 명제들을 일컫는 이름이다. 아래의 예시를 보자.

* 모든 Y는 X이다.
* 모든 Z는 Y이다.
∴ 모든 Z는 X이다.

모든 삼단논법에는 오직 세 개의 개념만 존재하며, 결론의 주어는 부개념minor-term이라 불리고, 결론의 술어는 주개념major-term이라 불리며, 두 전제에 공통되는 나머지 단어는 매개념middle-term이라 불린다. 위의 논증에 적용하자면, Z가 부개념, X가 주개념, Y가 매개념일 것이다.

삼단논법의 격figure은 결론에 놓인 개념들에 관한 매개념의 역할에 따라 결정된다. 다양한 격들의 구성을 아래의 표로 정리해놓았다.

1격	2격	3격	4격
* YX	* XY	* YX	* XY
* ZY	* ZY	* YZ	* YZ
∴ ZX	∴ ZX	∴ ZX	∴ ZX

어떤 삼단논법에 있는 세 개의 명제들을, 그것들의 순서에 맞추어 우리에게 익숙한 기호들인 A, E, I, O를 나열함으로써 나타낼 때, 그것을 우리는 삼단논법의 식mood을 결정했다고 부른다. 가령 이 챕터의 맨 앞에서 주어진 삼단논법은 1격의 AAA식에 속한다.

일반적으로 타당한 논증이라고 잘 알려진 모든 삼단논법의 식들은, 모음을 활용한 아래의 어휘목록[7]을 통해 외워두면

7) 부울이 제시한 실제 어휘목록은 아래와 같다.
Fig 1: bArbArA, cElArEnt, dArII, fErIO
Fig 2: cEsArE, cAmEstrEs, fEstInO, bArOkO
Fig 3: dArAptI, dIsAmIs, dAtIsI, fElAptOn, bOkArdO, fErIsO

편리하다.

1격: 바나나(AAA), 배상액(EAE), 바이킹(AII), 배치도(EIO)
2격: 재산세(EAE), 자매애(AEE), 재입소(EIO), 자본론(AOO)
3격: 다다미(AAI), 디자인(IAI), 다리미(AII), 대마초(EAO), 도판본(OAO), 대리모(EIO)
4격: 아가미(AAI), 아테네(AEE), 이방인(IAI), 에탄올(EAO), 에이포(EIO)

집단 X와 집단 Y에 관한 모든 명제를 표현하는 방정식은 기호 x와 기호 y에 대한 방정식이고, 집단 Y와 집단 Z에 관한 모든 명제를 표현하는 방정식은 기호 y와 기호 z에 대한 방정식이다. 만약 우리가 각각의 방정식에서 기호 y를 소거elimination한다면 그 결과는 (그것이 0이지 않은 한) 기호 x와 기호 z에 대한 방정식일 것이고, 집단 X와 집단 Z에 관한 명제로 해석될 수 있을 것이다. 그리고 그것은 주어진 두 명제를 전제로 삼는 삼단논법의 세 번째 요소(즉 결론)를 구성할 것이다.

Fig 4: brAmAntIp, cAmEnEs, dImArIs, fEsApO, frEsIsOn
이는 그대로 번역할 경우 오히려 부울의 의도를 해치기 때문에 의도에 맞추어 한국어로 적절히 재구성하였다. [역자 주]

다음의 방정식들을 통해 소거법을 이해해보자.

$$ay+b=0 \text{ 그리고 } a'y+b'=0 \quad \cdots\cdots\cdots\cdots\cdots\cdots (14)$$

여기에서 y를 각각 소거한 결과는 다음과 같다.

$$ab'-a'b=0 \quad \cdots\cdots\cdots\cdots\cdots\cdots\cdots\cdots\cdots\cdots (15)$$

이제 포함된 각각의 변수가 일차변수인 명제의 방정식들에서, 우리가 고려해야 할 소거의 모든 경우들은 위와 같이 (x, z, v에 대한 함수로 대체가능한) 상수 a, b, a', b'의 경우로 환원될 수 있다.

전제들을 표현하는 방정식을 선택할 때, 유일한 제약은 두 방정식이 모두 ay=0의 형식이어서는 안 된다는 점이다. 이러한 경우 소거 자체가 불가능해질 것이기 때문이다. 두 방정식이 모두 ay=0의 형식일 때에는 그것들 중 하나를 풀어내야 하는데, 우리가 이를 위해 어떤 방정식을 선택하는지는 중요하지 않다. 만약 우리가 선택한 공식이 xy=0이라면, 그 해는 다음과 같다.

$$y=v(1-x) \quad \cdots\cdots\cdots\cdots\cdots\cdots\cdots\cdots\cdots\cdots (16)$$

만약 우리가 선택한 공식이 (1−x)y=0이라면, 그 해는 다음과 같다.

$$y=vx \quad \cdots\cdots (17)$$

이로써 발생할 수 있는 모든 경우들을 나열하였다. 이러한 예외적 상황이 발생하는 이유는 나중에 설명할 것이다.

일관성을 지키기 위하여 우리는 특칭명제의 공식을 아래와 같은 형태들로 제한할 것이다.

$vx=vy$ 즉 "어떤 X는 Y이다"
$vx=v(1-y)$ 즉 "어떤 X는 Y가 아니다"

이는 다른 공식들에 비해 (16) 및 (17)과 가장 유사한 형태를 가진다. 지금까지 발전된 공식들과 아리스토텔레스의 표준형식 사이에서 몇 가지 차이점들이 이따금씩 느껴질 수 있다는 사실을 독자들에게 미리 일러주고 싶다.

이것들에 대한 올바른 이해를 위하여, 삼단논법의 본질적인 구조가 어떤 면에서는 자의적이라는 사실을 명심해야 한다. 확정된 전제들의 순서와 그에 따라 결정되는 주개념과 부개념의 구분을 가정함으로써, 결론에서 둘 중 어느 쪽에 우선순위를 둘 것인지는 순전히 선택의 문제이다. 이 문제에 대하여 논리학자들은 부개념에 우선순위를 주는 것으로 합의했지만, 이것이 그저 합의일 뿐이라는 것은 분명하다. 주개념이 결론에서 우선적인 위치를 차지해야 한다는 데에 동의함으로써 새로운 논리식을 구성할 수도 있으며, 그 논리식은 어떤 경우에는 기존의 것보다 덜 편리하지만 다른 경우에는 훨씬 편리할 수도 있을 것이다. AAA식에서는 놓치는 것을 AAI식에서는 놓치지 않을 수가 있는 것이다. 물론 편리성은 '대체로' 채택된 협의에 있을 테지만,[8] 그럼에도 그것이 '그저' 협의라는 사실을 잊어서는 안 될 것이다.

이제 우리가 보여주고자 하는 방법은, 어떤 협의된 논리식을 그렇지 않은 논리식에 비해 편파적으로 참조하는 일 없이 언제나 더 일반적인 결론만을 내릴 것이며, 오직 순수한 추론의 결과물로 간주되는 추상적 타당성에 의해서만 처리할 것이다. 그리하여 때때로 우리는 논리학자가 비형식적이라고 지적할 수도 있을 결론들을 얻게 될 것이지만, 그러한 추론이 거짓으로 판정되는 일은 결코 없을 것이다.

그러나 아리스토텔레스의 표준형식은 결론을 구성하는 개념들의 순서를 제한할 뿐만 아니라 내용까지 제한한다. (그리고 내용의 제한은 순서의 제한보다 더 심각하다.) 우리는 격의 변화를

8) 반대 견해는 홉스Hobbes에 의해 제기되었다. 이 문제는 할람Hallam의 『Introduction to the Literature of Europe』 3권 309쪽에서 매우 공정하게 논의된다. 삼단논법의 수사적 사용에서는 편리성이 거부된 형식에 위치하는 것으로 보인다.

통하여 AAI식의 특수한 결론을 AAA식의 일반적인 결론으로 대체할 수는 있겠지만, 같은 이유에서 "어떤 not-X는 Y가 아니다"와 같은 추론들을 제거할 수는 없다.

다만 그러한 추론들이 타당하게 도출될 수 있는 경우들이 존재하며, 특히 별다른 제한이 없는 논증에서는 빈번하게 발생한다. 만약 이러한 추론 혹은 다른 종류의 추론이 그 자체로 타당하다면, 그것은 우리의 방법이 얻어낼 결과들에서 나타날 것이다.

해석의 표준을 제한함으로써, 우리는 공식화된 결과들을 학술적 논리의 경계 안으로 받아들이지 않을 수도 있다. 하지만 그것은 분석을 통해 얻어낸 결론들을 원하는 대로 사용할 수 있을 우리 스스로를 제한하는 일에 불과하다.

우리가 채택할 분류는 순전히 수학적인 분류이며, 그 분류에 대응하는 논리적인 협의에 대해서는 나중에 고려할 것이다. 일단 언급하기 편하도록 전제들의 이름과 전제들이 이루는 격의 이름을 명명하는 것으로 충분할 것이다.

분류1. v가 없는 경우

타당한 형식들을 나열하면 아래와 같다.

AA, EA, 1격
AE, EA, 2격
AA, AE, 4격

예를 들어 AA, 1격, 그리고 전제를 변환한 AA, 4격의 경우를 보자.

* 모든 Y는 X이다. 즉 $y(1-x)=0$ 또는 $(1-x)y=0$
* 모든 Z는 Y이다. 즉 $z(1-y)=0$ 또는 $zy-z=0$

여기서 공식 (15)에 따라 y를 소거하면 다음을 얻는다.

$\therefore z(1-x)=0$
∴ 모든 Z는 X이다

전제들에 대한 방정식을 작성할 때 **가장 편리한 소거법은, y가 첫 번째 방정식에서 특정한 요소의 인수로서만 나타나도록 하고 두 번째 방정식에서는 그 반대에 있는 요소의 인수로서만 나타나도록 한 다음, y를 지우면서 두 방정식을 곱하는 것**이다. 우리는 이 방법을 채택할 것이다.

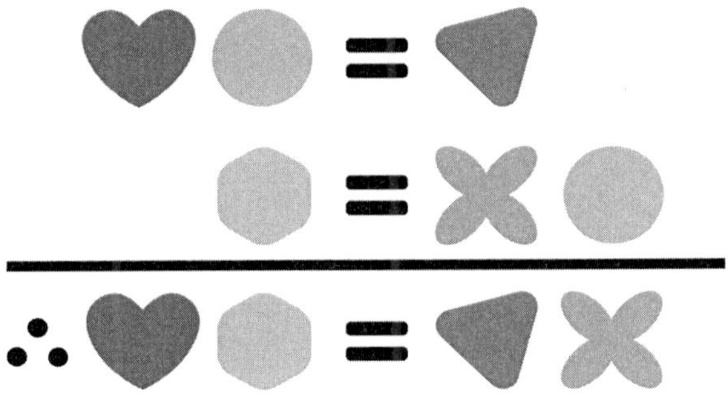

다른 예를 들어 AE, 2격, 그리고 전제를 변환한 EA, 2격의 경우를 보자.

* 모든 X는 Y이다. 즉 $x(1-y)=0$ 또는 $x=xy$

* 모든 Z는 Y가 아니다. 즉 $zy=0$

$\therefore zx=0$

∴ 모든 Z는 X가 아니다

추론이 이루어지지 않는 유일한 경우는 AA, 2격이다.

* 모든 X는 Y이다. 즉 $x(1-y)=0$ 또는 $x=xy$

* 모든 Z는 Y이다. 즉 $z(1-y)=0$ 또는 $zy=z$

$$\therefore\ xz=xz$$

$$\therefore\ 0=0$$

분류2. 해에 0이 도입되는 경우

아리스토텔레스의 규칙에 의하여 직간접적으로[9] 증명가능한 타당한 형식들은 아래와 같다.

AE, 1격
AA, AE, EA, 3격
EA, 4격

아리스토텔레스의 규칙에 의하여 증명되지 않는 타당한 형식들은 아래와 같다.

EE, 1격
EE, 2격

9) 우리는 몇몇 경우들에서 전제들의 변형이나 변환이 필요하다고 직간접적으로 말한다. 따라서 AE(1격)는 EAO(4격)나 EIO(1격)으로 풀이될 수 있다. 물론 아리스토텔레스와 그의 제자들은 4격이 그저 1격의 수정일 뿐이라며 거부했었지만, 그것이 단순한 형식의 문제라면 그러한 방식 또한 아리스토텔레스적이라고 불릴 수 있다.

EE, 3격

EE, 4격

예를 들어 AE, 1격, 그리고 전제를 변환한 EA, 4격의 경우를 보자.

* 모든 Y는 X이다. 즉 y(1−x)=0 또는 y=vx ...(a)

* 모든 Z는 Y가 아니다. 즉 zy=0 또는 0=zy

∴ 0=vzx

∴ 어떤 X는 Z가 아니다

우리가 vzx=0을 '어떤 Z는 X가 아니다'라고 해석할 수는 없는 이유는, 바로 첫 번째 방정식인 (a)의 개념들에 의하여 vx에 대한 해석이 '어떤 X'로 고정됨으로써, v는 오직 집단 X에 한해서만 '어떤'을 의미하는 것으로 간주되기 때문이다.

최초의 방정식들에서 다루었던 해를 사용하는 이유는 (16)과 (17)에 달린 주석을 참고하면 된다. 우리가 첫 번째 방정식 대신 두 번째 방정식을 풀었다면, 우리는 다음을 얻었어야 한다.

* (1−x)y=0

* v(1−z)=y ...(a)

∴ v(1−z)(1−x)=0 ...(b)

∴ 어떤 not-Z는 X이다

여기서 두 번째 방정식 (a)가 v(1-z)의 의미를 '어떤 not-Z'로 확정한다는 것을 주목해야 한다. 그러므로 결론 (b)는 집단 Y에서 발견되는 모든 not-Z가 집단 X에서 발견된다는 것을 의미하며, 이외의 방법으로는 표현될 수 없었다는 것이 분명하다.

다른 예를 들어 AA, 3격의 경우를 보자.

* 모든 Y는 X이다. $y(1-x)=0$ 또는 $y=vx$

* 모든 Y는 Z이다. $y(1-z)=0$ 또는 $0=y(1-z)$

∴ $0=vx(1-z)$

∴ 어떤 X는 Z이다

우리가 두 번째 방정식을 풀었다면, 우리는 '어떤 Z는 X이다'라는 명제를 얻게 된다. 최종 방정식의 형식이 X나 Z가 지칭하는 대상이 무엇인지 구체화한다는 것은 자명하다.

다음에 제시될 EE, 1격, 그리고 전제를 변환한, EE, 4격은, 아리스토텔레스의 규칙을 통해서 증명되지 않는 타당한 형식의 한 사례이다.

* 모든 Y는 X가 아니다. $xy=0$ 또는 $0=xy$

* 모든 Z는 Y가 아니다. xy=0 또는 y=v(1−z)

∴ 0=v(1−z)x

∴ 어떤 not−Z는 X가 아니다.

분류3. 한 전제의 양변에 v가 있지만 해에서는 줄어드는 경우

아리스토텔레스의 규칙에 의하여 직간접적으로 증명가능한 타당한 형식들은 다음과 같다.

AI, EI, 1격

AO, EI, OA, IE, 2격

AI, AO, EI, EO, IA, IE, OA, OE, 3격

IA, IE, 4격

아리스토텔레스의 규칙에 의하여 증명되지 않는 타당한 형식들은 다음과 같다.

OE, 1격

EO, 4격

추론이 이루어지지 않는 경우들은 다음과 같다.

AO, EO, IA, IE, OA, 1격

AI, EO, IA, OE, 2격

OA, OE, AI, EI, AO, 4격

아리스토텔레스의 규칙에 의해 증명되는 사례부터 살펴보자. 예를 들어 AI, 1격, 그리고 전제를 변환한 IA, 4격의 경우를 보자.

* 모든 Y는 X이다. $y(1-x)=0$

* 어떤 Z는 Y이다. $vz=vy$

∴ $vz(1-x)=0$

∴ 어떤 Z는 X이다.

다른 예를 들어 AO, 2격, 그리고 전제를 변환한, OA, 2격의 경우를 보자.

* 모든 X는 Y이다. $x(1-y)=0$ 또는 $x=xy$

* 어떤 Z는 Y가 아니다. $vz=v(1-y)$ 또는 $vy=v(1-z)$

∴ $vx=vx(1-z)$ 또는 $vxz=0$

∴ 어떤 Z는 X가 아니다.

vz를 '어떤 Z'라고 해석하는 것은, '어떤 Z는 Y가 아니다'라는 명제를 의미하는 것으로 간주되는 방정식 $vz=v(1-y)$에서 알 수 있다.

아리스토텔레스의 규칙에 의해 증명되지 않는 사례도 살펴보자. 예를 들어 OE, 1격, 그리고 전제를 변환한, EO, 4격의 경우를 보자.

* 어떤 Y는 X가 아니다. $vy=v(1-x)$
* 모든 Z는 Y가 아니다. $0=zy$
$\therefore\ 0=v(1-x)z$
∴ 어떤 not-X는 Z가 아니다.

여기서 첫 번째 전제의 방정식은 $v(1-x)$로 해석될 수 있지만, vz로 해석될 수는 없다. 추론이 이루어지지 않는 사례들도 살펴보자. 예를 들어, AO, 1격, 그리고 전제를 변형한 OA, 4격의 경우를 보자.

* 모든 Y는 X이다. $y(1-x)=0$
* 어떤 Z는 Y가 아니다. $vz=v(1-y)$ …(a) 또는 $v(1-z)=vy$
$\therefore\ v(1-z)(1-x)=0$ …(b)

이는 $0=0$과 같다. 왜냐하면 이 경우에서는 보조방정식이 $v(1-z)=0$이기 때문이다.

실용적인 측면에서는 이렇게까지 정리할 필요는 없겠다만, 이렇게 해도 딱히 문제는 없다. 말하자면 방정식 (a)는 vz를

'어떤 Z'라고 정의하지만 v(1−z)를 정의하지는 않으므로, (b)를 소거한 결과에서 멈추고서 집단 X와 집단 Z 사이의 관계로 해석할 수 없음을 확인하는 데에서 만족해도 된다.

다른 예를 들어, AI, 2격, 그리고 전제를 변환한, IA, 2격을 보자.

* 모든 X는 Y이다. $x(1-y)=0$ 또는 $x=xy$

* 어떤 Z는 Y이다. $vz=vy$ 또는 $vy=vz$

$\therefore\ vx=vxz$ 또는 $v(1-z)x=0$

이는 0=0과 같다. 왜냐하면 이 경우에서도 보조방정식이 $v(1-z)=0$이기 때문이다.

분류3에서 추론이 이루어지지 않는 모든 경우는, 소거의 결과는 언제나 0=0의 형식으로 정리된다. 그러므로 사례들을 하나하나 계산하고 있을 필요는 없다.

분류4. 한 전제의 양변에 v가 있고 해에서도 보존되는 경우

이 경우에는 모두 추론이 이루어지지 않는다. 단, 분류4에 속하는 부당한 사례들끼리의 특정한 구별이 존재한다. 구별은 두 유형으로 나뉜다.

첫째로, 소거의 결과가 보조방정식에 의해 0=0의 형태로 정리되는 유형. 이 유형의 사례들은 다음과 같다.

II, OI, 1격
II, OO, 2격
II, IO, OI, OO, 3격
II, IO, 4격

둘째로, 소거의 결과가 보조방정식에 의해 0=0의 형태로 정리되지 않는 유형. 이 유형의 사례들은 다음과 같다.

IO, OO, 1격
IO, OI, 2격
OI, OO, 4격

첫째 유형에 대하여 II, 3격의 사례를 보자.

* 어떤 X는 Y이다. vx=vy 또는 vx=vy
* 어떤 Z는 Y이다. v'z=v'y 또는 v'y=v'z
∴ vv'x=vv'z

이제 보조방정식 v(1−x)=0 및 v'(1−z)=0에 의하여 다음을 얻는다.

$$vx=v \text{ 및 } v'z=v'$$

치환을 통해 다음을 얻는다.

$$vv'=vv'$$
$$\therefore 0=0$$

둘째 유형에 대하여 IO, 1격의 사례를 보자.

$$* \text{ 어떤 Y는 X이다. } vy=vx$$
$$* \text{ 어떤 Z는 Y가 아니다. } v'z=v'(1-y) \text{ 또는 } v'(1-z)=v'y$$
$$\therefore vv'(1-z)=vv'x$$

여기서 보조방정식이 $v(1-x)=0$ 및 $v'(1-z)=0$이라면, 위 논리식은 $vv'=0$으로 정리된다. 이와 같은 방식으로 모든 유사한 사례들을 정리할 수 있다. 그리고 이는 "집단 v와 집단 v'가 공통의 요소를 가지고 있지 않다"라고 해석된다는 것이 분명하다.

위의 분류들은 순전히 수학적인 구별에 근거한다. 우리는 이제 그것이 대응하는 논리적 유형이 무엇인지 알아볼 것이다.

분류1에서의 타당한 사례는, 두 개의 전칭전제들로부터 한 개의 전칭결론을 도출할 수 있는 경우들이다. 우리는 그것들이 1격에서는

AAA식과 EAE식의 전제를, 2격에서는 EAE식과 AEE식의 전제를, 4격에서는 AAI식과 AEE식의 전제를 포함한다는 사실을 알 수 있다. 비록 동일한 격은 아닐지라도, 전칭결론이 가능하다는 이유에서 AAI식의 전제도 포함된다.

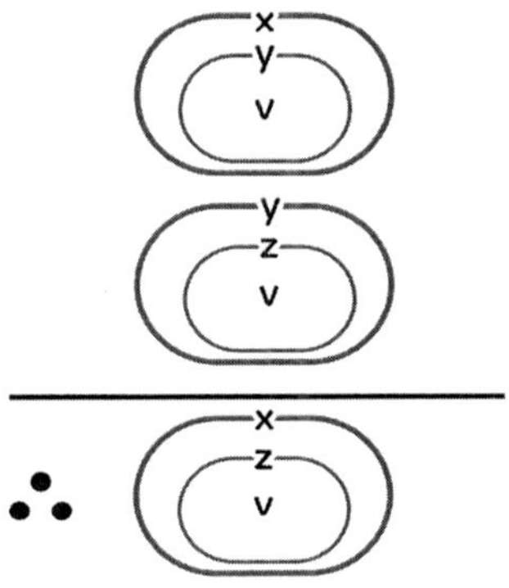

분류2에서의 타당한 사례는, 한 개의 특칭결론이 오직 두 개의 전칭 전제들로부터만 연역될 수 있는 경우들이다.

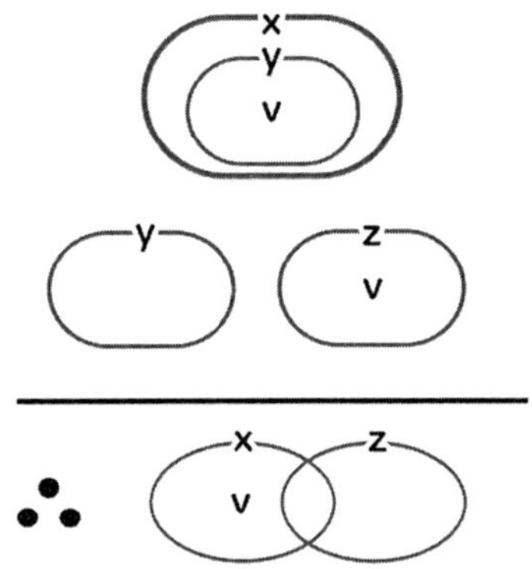

분류3에서의 타당한 사례는, 한 개의 전칭전제와 한 개의 특칭전제로부터 결론이 연역될 수 있는 경우들이다.

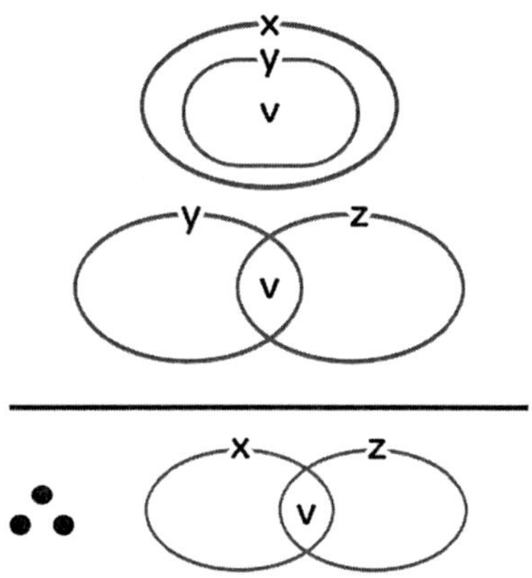

분류4에서의 타당한 사례는, 존재하지 않는다.

어떤 종류의 추론도 이루어지지 않는 경우들에 대하여, 우리는 분류4 중 소거의 결과에 0=0의 형태를 요청하지 않는다는 점에서 나머지 경우들과 구별되는 여섯 가지 특수한 경우들을 발견했다. 그것들은 아래의 세 경우들 및 여기에 전제를 변환하여 획득한 또 다른 세 경우들이 합쳐져 구성된다.

경우1.

* 어떤 Y는 X이다

* 어떤 Z는 Y가 아니다

경우2.

* 어떤 Y는 X가 아니다

* 어떤 Z는 Y가 아니다

경우3.

* 어떤 X는 Y이다

* 어떤 Z는 Y가 아니다

우리가 주목했던 수학적 특성에 대응되는 어떤 논리적 특성이 뒷받침된다고 추측할 수 있으며, 실제로 매우 주목할 만한 논리적 특성이 존재한다. 위의 논리식에서 각 전제들의 쌍을 검사하면, 우리는 그것들 중 어느 것에도 실질적으로 매개념이 존재하지 않는다는 사실, 즉 비교comparison할 매개가 없다는 사실을 알게 될 것이다. 말하자면 첫째 사례에서, 앞의 전제에서는 언급된 개체들이 집단 Y에 속한다고 주장되지만, 뒤의 전제에서는 언급된 개체들이 실질적으로 집단 not-Y에 속한다고 주장된다. 게다가 우리는 어떤 타당한 변형이나 변환을 통해서도 이 상태를 해결할 수 없다. 여전히 한 전제에서는 집단 Y를 기준으로 비교되고, 또 다른 전제에서는 집단 not-Y를 기준으로 비교된다.

한편 위의 여섯 가지 경우를 제외한 모든 경우들에서는, 명시적이든 암시적이든 매개념을 찾을 수 있다. 이 중에서 가장 까다로운 두 가지 경우만 살펴보기로 하자. 먼저 AO, 1격을 보자.

* 모든 Y는 X이다,
* 어떤 Z는 Y가 아니다,

여기서 우리는 앞의 전제에 부정에 의한 변환을 하여 다음을 얻는다.

* 모든 not-X는 not-Y이다.
* 어떤 Z는 Y가 아니다.

이렇게 하면 매개념은 not-Y인 것처럼 보인다.

이번에는 EO, 1격을 보자.

* 모든 Y는 X가 아니다,
* 어떤 Z는 Y가 아니다,

여기서 우리는 앞의 전제에 명제변환을 하여 다음을 얻는다.

* 모든 X는 not-Y이다,
* 어떤 Z는 not-Y이다.

이때, 비록 한 전제에 있는 not-Y가 다른 전제에 있는 not-Y와 다른 것일 수도 있어서 결론이 도출되지 않는다 하더라도, 어쨌거나 비교할 매개 즉 매개념은 분명히 not-Y이다.

따라서, 문제가 되는 수학적 조건(말하자면, 최종방정식을 0=0 형태로 정리할 수 없다는 조건)은 주어진 전제들에 매개념 즉 비교할 공통의 매개가 존재하지 않는다는 논리적 조건을 충분하게 드러낸다.

한편, 나는 엄밀한 의미에서 암묵적인 매개념이 있는지 없는지에 의해 발생되는 차이에 대하여 과거의 논리학자들이 주목한 적이 있었는지 알지 못한다. 그 차이는 현실적이고 또 주목할만한 가치가 있음에도 불구하고 사실상 자명하지 못하며, 뿐만 아니라 최근에는 수학적 표현의 특성으로 인하여 주목받지 못했을 것 같다.

위의 경우가 참신하게 보이는 것은, 비교할 매개가 아예 없는 전제들의 결합이 존재한다는 증거이기 때문이다. 비교할 매개 혹은 참인 매개념이 존재할 때, 두 전제를 합친 것의 총량이 단일한 전체의 총량을 초과해야 한다는 조건이 곧 타당한 추론의 필요조건이라는 사실은 드모르간De-Morgan 교수에 의해 훌륭하고 분명하게 입증되었다. (『Cambridge Memories』 8권 3장 참조) 그리고 이것은 의심의 여지 없이 수학적 관점에서 이해한 삼단논법의 올바른 원리이다.

나는 이러한 연산의 결과를 아리스토텔레스의 형식들로 제한하는 해석조건들을 규정하는 것이 가능할 것이라고 주장한 바 있다. 그 해석조건들은 다음과 같다.

해석조건1. **공식 v(1−x)와 공식 v(1−z)를 해석하지 않는다는 데에 동의해야 한다.**

해석조건2. **개념들의 순서가 아리스토텔레스의 규칙에 어긋나는 모든 해석들을 거부한다는 데에 동의해야 한다.**

아니면 그 대신에, 삼단논법을 형식화하기 위해 필요한 경우에는 입증된 결론에 맞추어 전제들의 순서를 바꾸어야 한다는 데에 동의해야 될 수도 있다.

이 체계를 통해 알 수 있는 일반화된 의미는 분명하다. 즉, **주어진 경우에다 조건들을 적절히 부과하기만 하면 생각할 수 있는 모든 논리식을 나타내도록 만들 수 있다.**

우리는 특정한 분류의 경우들에서 전칭명제를 표현하는 두 개의 방정식을 그것들의 해로 대체하는 것이 필요하다는 사실을 발견했다.

$$y=vx \text{ 또는 } y-vx=0 \quad \cdots\cdots \text{(A)}$$
$$y=v(1-x) \text{ 또는 } y+vx-v=0 \quad \cdots\cdots \text{(E)}$$
$$vy=vx \text{ 또는 } vy-vx=0 \quad \cdots\cdots \text{(I)}$$
$$vy=v(1-x) \text{ 또는 } vy+vx-v=0 \quad \cdots\cdots \text{(O)}$$

그리고 삼단논법의 모든 경우가 예외 없이 위의 일반공식들에 포함된 방정식으로 처리될 수 있도록, 언제나 이러한 대체가 허용되었을 거라는 사실을 강조하는 것이 좋겠다.[10)]

10) 이 문장은 예시를 통해 설명하는 것이 도움이 될 것이다. 가령 우리는 AAA에서 다음을 얻는다.

* 모든 Y는 X이다, 즉 $y=vx$

* 모든 Z는 Y이다, 즉 $z=v'y$

$\therefore z=vv'x$

∴ 모든 Z는 X이다

또는 그 방정식의 양변에 $(1-x)$를 곱함으로써 동일한 귀결을 얻는다.

$z(1-x)=0$

∴ 모든 Z는 X이다

일반정리들을 증명하기 위해 텍스트에 이 방정식의 체계를 적용하는 몇 가지 추가적인 사례들을 제시하는 것이 적절하겠다.

y를 소거할 항으로 놓고, 마찬가지로 x를 다른 기호들 중 하나에 대해 나타낸다고 해보자. 주어진 삼단논법의 각 전제들에 대한 방정식은, 그 전제가 긍정문일 경우, a와 b가 상수이거나 아니면 $\pm v$에 대한 다음의 공식으로 정리될 수 있다.

$ay+bx=0$ ...(α)

반면에 그 전제가 부정문일 경우 다음의 형식으로 정리될 수 있다.

$ay+b(1-x)=0$ ...(β)

이를 구체적으로 증명하기 위해 각각의 명제에 대해 y를 주어와 술어로 두면서 검토해보자.

A

모든 Y는 X이다, 즉 $y-vx=0$ ...(γ)

모든 X는 Y이다, 즉 $x-vy=0$ ...(δ)

E

모든 Y는 X가 아니다, 즉 $xy=0$

모든 X는 Y가 아니다, 즉 $y-v(1-x)=0$ ...(ε)

I

어떤 X는 Y이다

어떤 Y는 X이다, 즉 $vx-vy=0$ ...(ζ)

O

어떤 Y는 X가 아니다, 즉 $vy-v(1-x)=0$ ...(η)

어떤 X는 Y가 아니다, 즉 $vx=v(1-y)$ 따라서 $vy-v(1-x)=0$ ...(θ)

긍정방정식 (γ), (δ), (ζ)는 (α)에 속하고, 부정방정식 (ε), (η), (θ)는 (β)에 속한다. 부정방정식 (η)와 (θ)는 똑같은 식처럼 보이지만, 해석의 차이가 있다.

1. 전자에서는 $v(1-x)$가 not-X인 것의 존재를 의미한다.
2. 후자에서는 $v(1-x)$가 X인 것의 부재를 의미한다.

언급된 (α)와 (β)에 대한 두 가지 일반공식의 유용성은 다음의 적용을 통해 잘 드러난다.

첫째. 긍정명제와 긍정명제로부터 도출된 결론은 긍정명제이다.

(α)에 의하여 다음의 명제들이 주어졌다고 해보자.

$$* \ ay+bx=0$$

$$* \ a'y+b'z=0$$

이를 소거하면 (α)의 형식을 가진 다음을 얻는다.

$$\therefore ab'z-a'bx=0$$

그러므로 만약 결론이 존재한다면 그것은 긍정명제이다.

둘째. 긍정명제와 부정명제로부터 도출된 결론은 부정명제이다.

(α)와 (β)에 의하여 다음의 명제들이 주어졌다고 해보자.

$$* \ ay+bx=0$$

$$* \ a'y+b'(1-z)=0$$

이를 소거하면 (β)의 형식을 가진 다음을 얻는다.

$$\therefore a'bx-ab'(1-z)=0$$

그러므로 만약 결론이 존재한다면 그것은 부정명제이다.

셋째. 부정명제와 부정명제로부터 도출된 결론은 주어와 술어 모두에서 부정(즉 not-X와 not-Z)을 포함할 것이며, 따라서 아리스토텔레스의 체계에서 그대로 허용되지는 않는다.
다음의 명제들이 주어졌다고 해보자.

$$* \; ay+b(1-x)=0$$
$$* \; a'y+b'(1-z)=0$$

이를 소거하면 다음을 얻는다.

$$\therefore \; ab'(1-z)-a'b(1-x)=0$$

이는 각 개념들의 부정이 포함된 명제로만 해석될 수 있다.
넷째. 만약 아리스토텔레스의 체계와 같이 전제들로부터 연역될 수 있는 가장 일반적인 결론에 관한 삼단논법들만을 고려한다면, 소전제의 양이나 질을 변환하든 변환하지 않든 간에, 동일한 격에서는 어떤 결론도 연역할 수 없다. 어떤 아리스토텔레스의 명제는 주어에 not-Z의 형태를 허용하지 않는다. 이제 삼단논법에서 소전제의 양을 변환할 것이다. 일반공식 $ay+bz=0$을 일반공식 $a'y+b'(1-z)=0$로 변환해보자.
이는 (α)와 (β)로 해석되며 그 역으로도 가능하다. 즉 결론의 방정식에서 z에서 1-z로 또는 그 역으로 변환된다는 것이다. 그런데 이것은 Z를 not-Z로, 혹은 not-Z를 Z로 바꾸는 것과 같다.
이때 원래 결론의 주어는 Z를 포함했지만 not-Z를 포함하지는 않았으므로, 새로운 결론의 주어는 not-Z를 포함해야 한다. 그리고 이러한 결론은 격변화를 유발하는 변환을 제외하고는 아리스토텔레스의 체계에서 허용되지 않는다.
이러한 계산의 결론은 언제든지 도출가능한 가장 일반적인 공식이므로, 위의 증명에서 보편적인 결론이 가능하다면 특수한 결론이 연역되는 삼단논법으로 확장되어서는 안 된다. 이것은 아리스토텔레스의 형식들 중에서 오직 AAI의 경우에만 해당되며, 따라서 AAI에서 AEE로의 변환 및 AEE에서 AAI로의 변환은 정리를 위한 예비단계에서 언급했던 제한의 경우에 해당한다.
다섯째. 만약 아리스토텔레스 삼단논법의 소전제를 그것의 모순이 되는 아마도 우리가 사용했던 이론은 v를 사용해도[may] 되는 경우와 v를 사용해야[must] 되는 경우를 구별해주기 때문에 조금 더 나을 것이다. 게다가 삼단논법의 특정한 일반속성들을 증명하는 데에 있어서, 위의 이론은 그 단순성 및 공식들 간의 상호유사성에 의해 매우 편리하다. 우리는 이것을 이후의 정리[11)]에서 적용해

명제로 대체한다면, 동일한 격에서 연역될 수 있는 결론은 존재하지 않는다. 여기서는 AAI의 경우만 검토하면 되며, 나머지는 전부 마지막 명제에 의해 결정된다.

AAI의 소명제를 그것의 모순이 되는 명제로 바꾸면 우리는 AO(4격)를 얻게 되는데, 이것은 타당한 추론이 불가능하다. 그러므로 이 정리는 예외없이 참이다. 또 다른 다양한 일반정리들도 동일한 방식으로 증명될 수 있다.

11) 이 아름다운 정리는 더블린 트리니티칼리지 출신이자 그곳의 수학 교수인 찰스 그레이브스C.Graves 목사에 의해 제안되었다. 필자는 이 작업의 앞부분을 매우 신중하게 검토해준 것에 대한 그리고 방법의 몇 가지 새로운 적용들에 대한 감사의 말을 더 남기고 싶다. 숫자들로 이루어진 아래의 사례는 불가능으로 귀결된다.

* 축소식 "모든 X는 Y이다" 즉 1−y=v'(1−x)
* AOO "어떤 Z는 Y가 아니다" 즉 vz=v(1−y)
∴ "어떤 Z는 X가 아니다" 즉 vz=vv'(1−x)

* 축소식 "모든 X는 Y이다" 즉 1−y=v'(1−x)
* AAA "모든 Z는 X이다" 즉 z(1−x)=0
∴ "모든 Z는 Y이다" 즉 z(1−y)=0

볼 것이다.

삼단논법의 세 명제들이 주어졌을 때, 그것들이 타당하게 배열될 수 있는 순서가 오직 하나밖에 존재하지 않는다는 사실을 증명하고, 그 순서를 결정해보자.

위에서 명제들의 표현을 위해 주어진 모든 공식들은 아래의 일반공식에 대한 특수사례들이다.

$$a+bx+cy=0$$

주어진 삼단논법의 전제들이 다음의 방정식이라고 가정하자.

$$* \ a+bx+cy=0 \quad \cdots\cdots\cdots\cdots (18)$$
$$* \ a'+b'z+c'y=0 \quad \cdots\cdots\cdots\cdots (19)$$

여기서 축소식의 결론은 생략된 소전제에 대한 모순명제처럼 보인다. 이는 다른 경우들에서도 마찬가지다. 모순명제들에 대한 수학적 검토는 방정식들 사이에서 하나의 선출기호를 소거하면 또 다른 선출기호가 0이 된다는 사실만을 언급할 수 있겠다. AOO와 OAO에 대한 명시적인 축소는 어렵지 않다.

그레이브스 교수는 "모든 X는 Y이다"라는 명제의 기본 공식으로 x=vy 방정식을 사용할 것을 제안하였고, 두 요소 모두에 1−y를 곱하면 x(1−y)=0을 얻는다는 것을 강조했다. 이는 우리가 책에서 설정한 방정식으로서, 전자가 그 해이다.

그런 다음 y를 소거하면 우리는 다음의 결론을 얻게 된다.

$$\therefore ac'-a'c+bc'x-b'cz=0 \quad \cdots\cdots\cdots\cdots\cdots\cdots(20)$$

이제 이것을 우리의 전제들 중 하나로 두고서, 기존의 방정식들 중 하나인 (18)을 또 다른 전제로 둘 때, 만약 그 전제들 사이에 공통되는 개념 x를 소거함으로써 우리가 나머지 전제인 (19)와 동치equivalence인 결과를 얻을 수 있다면, 명제들이 타당한 형식으로 기입될 수 있는 순서가 여럿 존재한다는 사실을 알게 될 것이다. 반대로 만약 동치인 결과를 얻을 수 없다면, 타당한 형식을 갖는 배열은 오직 하나만 존재한다.

그러면 소거를 통해 다음을 얻는다.

$$bc(a'+b'z+c'y)=0 \quad \cdots\cdots\cdots\cdots\cdots\cdots (21)$$

이것은 공식 (19)에다가 인수 bc를 곱한 것과 동치이다. 이제 방정식 A, E, I, O의 각 경우에서 이 인수의 값을 검토해보면, 우리는 그 값이 v이거나 아니면 ⁻v이라는 사실을 발견할 수 있다. 다만 만약 어떤 주어진 명제를 표현하는 하나의 방정식에다가 또 다른 방정식에서 도출된 외부의 인수를 곱한다면, 그에 대한 해석은 제한되거나 아니면 불가능해질 것임이 분명하다. 다시 말해 결과가 전혀 존재하지 않거나, 아니면 그 결과가 나머지 명제를 제한할 것이다.

한편, 만약 원래의 방정식들 중 하나가 아래와 같다고 가정해 보자.

$$x=y \text{ 또는 } x-y=0$$

이 경우 인수 bc의 값은 -1일 것이고, 다른 전제에 대한 해석을 제한하지 않을 것이다. 그러므로 만약 어떤 삼단논법의 첫 번째 요소를 '모든 X는 Y이고, 모든 Y는 X이다'라는 이중명제를 나타내는 것으로 이해해야 한다면, 그 나머지 명제들이 어떤 순서로 쓰여졌는지는 중요하지 않을 것이다.

위 연구에 대한 보다 일반적인 형식은, 전제를 아래와 같이 공식화하는 것이다.

$$* \ a+bx+cy+dxy=0 \quad \cdots\cdots (22)$$

$$* \ a'+b'z+c'y+d'zy=0 \quad \cdots\cdots (23)$$

y와 x를 이중제거하고 나면, 우리는 다음을 얻는다.

$$\therefore (bc-ad)(a+b'z+c'y+d'zy)=0$$

이렇게 풀고 나면, 우리는 모든 경우들에서 인수 (bc−ad)가

0이거나 그렇지 않으면 반드시 의미의 제한을 나타내야 한다는 사실을 깨닫게 될 것이다. 이때 명제들의 순서를 결정하는 일은 그다지 어렵지 않다.

5. 가언명제에 대하여

가언명제hypothetical-proposition는 계사(혹은 연결사conjunction)에 의해 결합된 둘 이상의 정언명제로 정의되며, 가언명제가 어떤 종류인지는 각각의 연결사에 의해서 결정된다. 가언명제의 종류에는 가령 조건문conditional(즉 만약 if이 포함된 명제), 선언문disjunctive(즉 또는 or이 포함된 명제), 기타 등등[12]이 있다.

조건문에서, 특정한 결과를 낳는 정언명제를 전건antecedent이라 부르고, 전건에 의해 낳아진 결과인 정언명제를 후건consequent이라 부른다.

조건적 삼단논법으로는 오직 두 가지의 형식만이 존재한다.

---

12) 이 책에도 나오는 연언문conjunctive(즉 그리고and가 포함된 명제)을 비롯하여, 부정연언nand, 부정선언nor, 쌍조건iff 등의 연결사도 자주 활용되는 편에 속한다. [역자 주]

첫째로, 구성적인constructive 조건적 삼단논법[13)]

* 만약 A가 B이면, C는 D이다.

* A는 B이다.

∴ 따라서 C는 D이다.

둘째로, 파괴적인destructive 조건적 삼단논법[14)]

* 만약 A가 B이면, C는 D이다.

* C는 D가 아니다.

∴ 따라서 A는 B가 아니다.

한편, 양도논법dilemma이란 복합적인 조건적 삼단논법의 하나로서, 둘 이상의 전건들이 있는 대전제 및 선언이 있는 소전제로 이루어진다.

위에 주어진 조건적 삼단논법의 형식들 중 하나를 검토할 때, 우리는 그 논증의 타당성이 개념 A, B, C, D가 어떤 개체나 집

---

13) 논리학에서는 흔히 전건긍정논법affirming-method(혹은 라틴어로 모두스 포넨스modus-ponens)이라는 용어로 불린다. [역자 주]

14) 논리학에서는 흔히 후건부정논법denying-method(혹은 라틴어로 모두스 톨렌스modus-tollens)이라는 용어로 불린다. [역자 주]

단을 지시하는지와는 전혀 상관없이 결정된다는 사실을 알게 될 것이다. 실제로 우리는 명제 'A는 B이다'와 'C는 D이다'를 각각 임의의 기호 X와 기호 Y로 나타낼 수 있으며, 그리하여 우리의 삼단논법을 아래와 같은 형식으로 표현할 수 있다.

* 만약 X가 참이라면, Y는 참이다.
* X는 참이다.
∴ 따라서 Y는 참이다.

따라서 우리가 고려해야 하는 것은 대상이나 대상의 집단 자체가 아니라, 명제들의 진리값 즉 가언적인 전제들에서 구현된 단순명제elementary-proposition[15]들의 진리값이다.

우리는 아래와 같은 방식으로 단순명제를 나타내는 기호 X, Y, Z에다 선출기호 x, y, z를 적용해볼 수 있다.

일단 가언명제의 전체집단 즉 1은, 생각할 수 있는 모든 상황들에 대한 사례들을 포함할 것이다.

15) 단순명제란 분해할 경우 더 이상 명제가 아니게 되는 명제로서 원자명제라고도 불린다. 둘 이상의 단순명제가 모여 이루는 명제를 복합명제 혹은 분자명제라고 부른다. [역자 주]

그리고 그러한 사례들을 나타내는 모든 주어에 부착된 선출 기호 x는, 명제 X가 참인 경우를 선출해야 하며, Y와 Z에 대해서도 마찬가지이다.

만약 우리가 일단 주어진 명제 X를 고려하는 데에만 집중하고 나머지에 대해서는 고려를 보류하기로 한다면, 우리는 X가 참이거나 아니면 거짓이라는 오직 두 가지의 경우만을 생각할 수 있을 것이다.[16] 이러한 두 가지 경우의 수의 총합은 명제의 전체

16) 모든 명제는 참 아니면 거짓이라는 명백한 원리에 따라, 스토아학파 Stoics는 그것을 미래의 사건에 관한 주장들에 적용함으로써 운명론적 교리를 수립하고자 노력했다. 그런데 그들에게 다음과 같은 반론이 제시되어왔다. "그것은 참이라는 용어가 정확히 무엇을 의미하는지에 대해 착각한 오남용이다. 미래에 관한 문장은 참도 아니고 거짓도 아니다." (『Copleston on Necessity and Predestination』 36쪽) 그러나 만약 스토아학파의 공리가 특정한 사건이 일어날 것이 확실하다거나 일어나지 않을 것이 확실하다는 형식으로 제시되었다면, 위의 반박은 전혀 유효하지 못할 것이다. 아마도 적절한 반론이 있다면, 단순히 언어적 정의만으로는 자연의 현실적인 과정과 구성이 무엇인지에 대답할 수 없다는 것이 되겠다. 우리가 특정한 사건이 일어날 것이 확실하거나 아니면 일어나지 않을 것이 확실하다고 단언할 때, 우리는 사건들의 순서가 필요하며, 미래는 현재의 진보된 상태일 거라고, 그리하여 상황이 어떻게 될지 완전히 결정될 거라고 암묵적으로 가정한다. 하지만 이것은 (적어도 실천적 행위자의 행위에 대해서는) 논란이 있을 바로 그 문제이다. 따라서 적절한 형식으로 제시된 스토아학파의 논변은 용어의 오남용을 포함하지 않으며, 그보다는 선결문제 요구의 오류petitio-principii를 포함한다.

집단을 구성하며, 전자가 선출기호 x로 규정되는 것과 같이, 후자는 기호 (1−x)로 규정된다.

반면에, 만약 주어진 명제 X 이외의 나머지 단순명제들까지 고려하기로 한다면, 이에 대한 각각의 경우들이 (너무 많지 않은 한) 해석될 수 있으며, 그 경우의 수는 고려되는 나머지 단순명제들의 수에 따라 달라질 것이다. 가령 우리가 명제 X와 명제 Y를 연결시킨다고 할 때, 생각할 수 있는 모든 경우의 수는 아래의 표와 같음을 알 수 있을 것이다.

	경우	선출공식
1	X는 참이고, Y는 참이다	xy
2	X는 참이고, Y는 거짓이다	x(1−y)
3	X는 거짓이고, Y는 참이다	(1−x)y
4	X는 거짓이고, Y는 거짓이다	(1−x)(1−y)

⋯ (24)

만약 우리가 위의 표에서 첫 번째와 두 번째 경우에 대한 선출공식들을 더한다면, 그 합은 x이고, 이때 **x란 Y에 대한 모든**

여기서 오늘날 운명론적 교리를 지지하는 지식인들은 (목적이 오직 수단들에 의해서만 결정되는 것으로 간주함으로써) 운명론에 대한 비난이라는 현실에서의 부정적 귀결들까지 정당하게 무시한다는 사실을 덧붙이고 싶다.

고려사항과 무관하게 X가 반드시 참이라는 보다 일반적인 경우에 대한 선출기호이다. 더 나아가 만약 우리가 세 번째와 네 번째 경우에 대한 선출공식들을 더한다면, 그 합은 (1−x)이고, 이때 **(1−x)란 Y에 대한 모든 고려사항과 무관하게 X가 반드시 거짓**이라는 보다 일반적인 경우에 대한 선출기호이다.

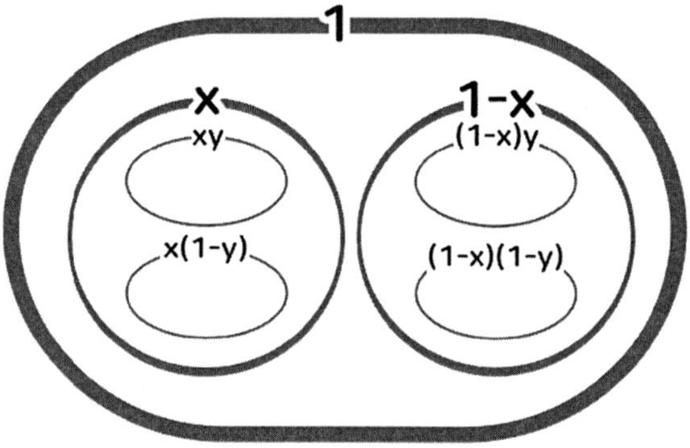

그러므로 가언명제의 전체집단의 경우의 수가 고려되는 상황들의 수에 의존하는 것은 결코 아니다. 그보다 주목해야 할 점은, **고려되는 상황들이 아무리 적든 많든 간에 생각할 수 있는 모든 경우들에 대한 선출공식들의 총합은 1이 될 것**이라는 사실이다. 이제 X를 '폭우이다'로, Y를 '폭설이다', Z를 '한파이다'[17]로 해석하는

17) 그대로 옮기자면 부울은 비, 우박, 한파의 예를 들었으나 이해와는 무관

세 가지 명제들을 생각해보자. 모든 가능한 경우들은 아래의 표와 같다.

	경우	선출공식
1	폭우이고 폭설이고 한파이다.	xyz
2	폭우이고 폭설이지만, 한파는 아니다.	xy(1−z)
3	폭우이고 한파이지만, 폭설은 아니다.	xz(1−y)
4	폭설이고 한파이지만, 폭우는 아니다.	yz(1−x)
5	폭우이지만, 폭설도 한파도 아니다.	x(1−y)(1−z)
6	폭설이지만, 폭우도 한파도 아니다.	y(1−x)(1−z)
7	한파이지만, 폭우도 폭설도 아니다.	z(1−x)(1−y)
8	폭우도 폭설도 한파도 아니다.	(1−x)(1−y)(1−z)
∴	모든 경우들의 총합	=1

하므로, 한국어로 이해하기에 용이하도록 폭우, 폭설, 한파로 옮겼다. [역자 주]

[가언명제의 공식화]

1. 명제 'X는 참이다'의 공식화

기호 (1−x)는 명제 X가 거짓인 경우들을 선출해야 한다. 그런데 만약 명제 X가 참이라면, 그 가언명제의 전체집단에는 선출할 수 있는 경우가 단 하나도 없을 것이다. 따라서 다음을 얻는다.

$$1-x=0 \text{ 또는 } x=1 \quad \cdots\cdots (25)$$

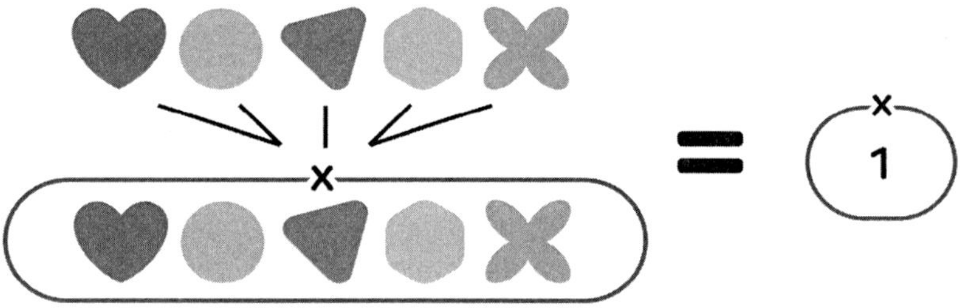

2. 명제 'X는 거짓이다'의 공식화

선출기호 x는 명제 X가 참인 경우들을 선출해야 한다. 그런데 만약 명제 X가 거짓이라면, 다음을 얻는다.

$$x=0 \quad \cdots\cdots (26)$$

그러므로 모든 경우에 대하여 주어진 명제에 적절한 선출공식을 결정한다고 할 때, 우리는 선출공식을 1에 동일시함으로써 그 명제가 참임을 주장할 수 있고, 선출공식을 0에 동일시함으로써 그 명제가 거짓임을 주장할 수 있다.

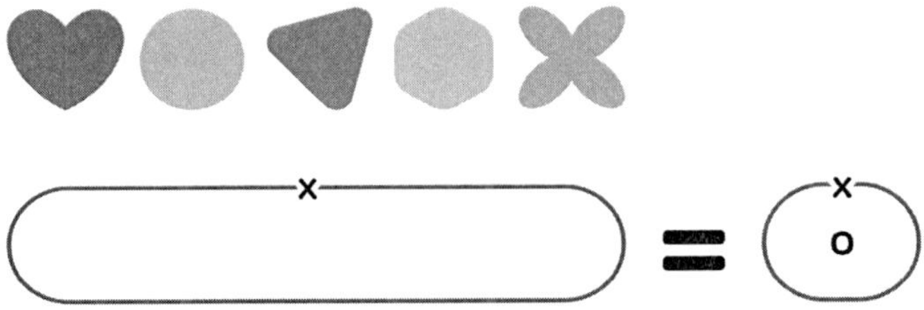

3. 연언명제 'X는 참이고 Y는 참이다'의 공식화

이 경우에 알맞은 선출기호는 xy일 것이며, 따라서 다음의 방정식을 얻는다.

$$xy=1 \quad \cdots\cdots (27)$$

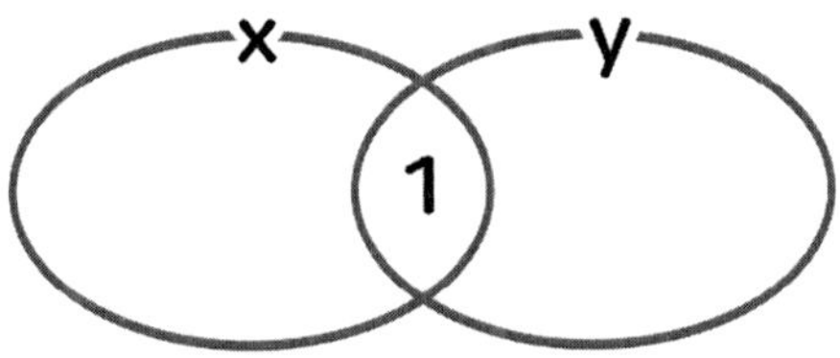

4. 연언명제 'X는 거짓이고 Y는 거짓이다'의 공식화

이 경우는 명백히 아래와 같이 표현될 것이다.

$$(1-x)(1-y)=1 \text{ 또는 } x+y-xy=0 \quad \cdots\cdots\cdots\cdots (28)$$

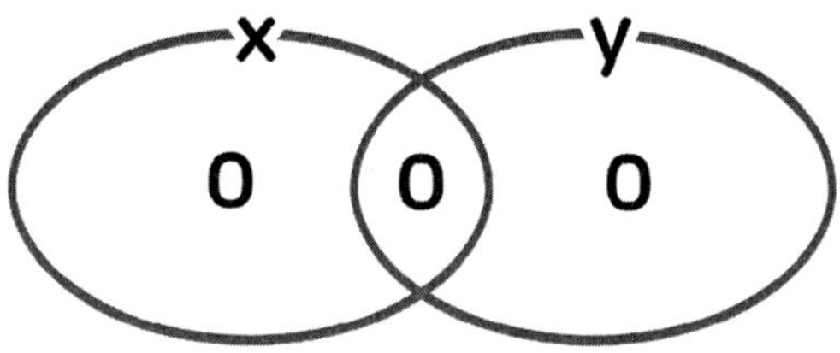

5. 선언명제 'X가 참이거나 Y가 참이다'의 공식화

두 명제 중 하나만 참이라고 주장하는 것은, 곧 두 명제가 모두 거짓이라는 것이 거짓이라고 주장하는 것과 같다. 여기서 두 명제가 모두 거짓임을 표현하는 데에 적절한 선출공식은 $(1-x)(1-y)$이므로, 우리는 다음의 방정식을 얻는다.

$$(1-x)(1-y)=0 \text{ 또는 } x+y-xy=1 \quad \cdots\cdots\cdots\cdots (29)$$

위와 같은 방식의 간접추론을 통하여 모든 선언명제들을 (아무리 많은 요소들이 있다 하더라도) 표현할 수 있다. 그러나 대부분의 경우에서는 아래의 일반규칙을 적용하는 게 편리할 것이다.

규칙. 주어진 명제의 내용이 각각 배타적exclusive이어서 그 중에 단 하나만이 참인 경우라고 해석한 뒤, 그 선출공식들의 총합을 1로 간주할 것. 그러면 주어진 명제에 대한 방정식을 얻을 수 있다.

생각할 수 있는 모든 개별적인 경우들에 대한 선출공식들의 총합은 1이 될 것이다. 이제 주어진 명제에서 그 모든 경우들이 배타적이면서 어떤 하나의 세트가 참이라고 주장할 때를 가정해 보자. 이때 그 세트에 포함되지 않은 모든 경우들은 거짓이며 그 선출공식은 각각 0과 같다. 반면 그 세트에 포함된 경우들에 대한 선출공식들의 총합은 1이 될 것이다. 따라서 그 세트에 포함된 경우들 중에서 하나는 참일 것이며, 배타적이기 때문에 둘 이상이 참일 수는 없다.

여기서 규칙에 대한 중요한 부분이 발견되는데, 즉 이 규칙을 적용함에 있어서, 만약 주어진 **선언명제에 포함된 경우들이 비배타적이라면, 그것들은 반드시 그와 동치인 일련의 배타적인 경우들로 대체되어야 한다**는 것이다.

그러므로 앞의 사례를 받아들임으로써, 만약 가능한 경우들을 열거할 때 명제 X 또는 Y가 참이면서도 그 선언명제의 두 요소가 배타적이지 않다고 가정한다면, 우리는 명제 X와 명제 Y가 둘 다 참인 경우까지 고려해야 한다. 그렇게 할 때 선언명제의 전체집단에 포함되는 경우들을 배타적인 선출공식들로 나타내면 아래와 같다.

첫째. X는 참이고 Y는 거짓이다, 즉 $x(1-y)$

둘째. X는 거짓이고 Y는 참이다, 즉 $y(1-x)$

셋째. X는 참이고 Y는 참이다, 즉 xy

그리고 이 선출공식들의 총합은 1이므로, 다음의 방정식을 얻는다.

$$x+y-xy=1 \ldots (30)$$

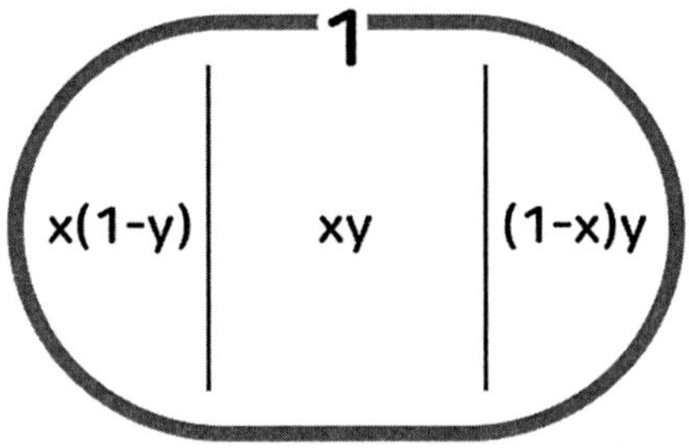

반대로, 만약 우리가 선언명제의 요소들이 배타적이라고 가정한다면, 고려되어야 할 경우들은 아래와 같다.

첫째. X는 참이고 Y는 거짓이다, 즉 $x(1-y)$

둘째. X는 거짓이고 Y는 참이다, 즉 $y(1-x)$

그리고 이 선출공식들의 총합은 0이므로,[18] 다음의 방정식을 얻는다.

$$x-2xy+y=1 \quad \cdots\cdots (31)$$

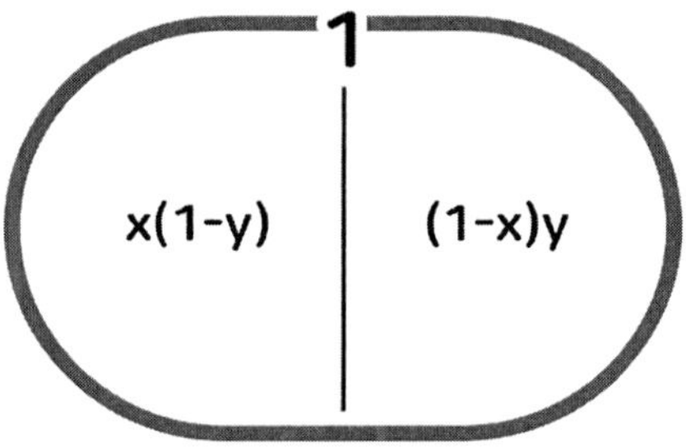

아래에서 이 방법에 대해 조금 더 구체적으로 설명해보겠다.

6. 배타적 선언명제 'X가 거짓이거나 Y가 거짓이다'의 공식화

배타적인 요소들은 아래와 같다.

18) 참인 선언명제의 선출공식들의 총합은 "0"이 아니라 "1"이다. 이는 단순히 부울의 표기실수인 것으로 예상된다. 한편 바로 아래의 방정식 (31)에는 "=1"이라고 올바르게 표기되어있다. [역자 주]

첫째. X는 참이 아니고 Y는 참이다, 즉 $y(1-x)$
둘째. X는 참이고 Y는 참이 아니다, 즉 $x(1-y)$

그리고 이것들의 총합은 1이므로, 다음의 방정식을 얻는다.

$$x-2xy+y=1 \quad \cdots\cdots\cdots\cdots (32)$$

이것은 (31)과 완전히 똑같으며, 사실은 요소들 자체부터 이미 동치이다.

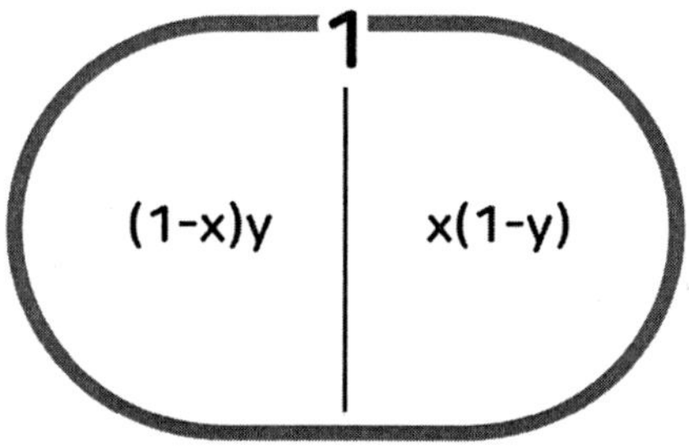

7. 비배타적 선언명제 'X가 거짓이거나 Y가 거짓이다'의 공식화

앞의 경우에다 다음의 요소를 추가하면 된다.

셋째. X는 참이 아니고 Y는 참이 아니다, 즉 $(1-x)(1-y)$

이 선출공식들의 총합을 통해 다음의 방정식을 얻는다.

$$x(1-y)+y(1-x)+(1-x)(1-y)=1 \text{ 또는 } xy=0 \quad \cdots\cdots \ (33)$$

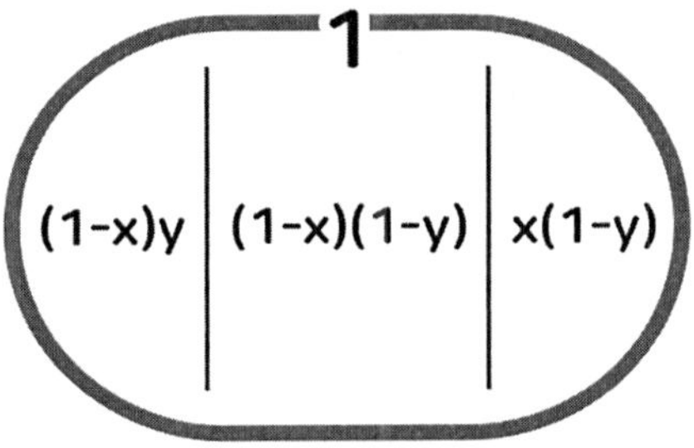

8. 배타적 선언명제 'X가 참이거나 Y가 참이거나 Z가 참이다'의 공식화

배타적인 요소들은 아래와 같다.

첫째. X는 참이고 Y는 거짓이고 Z는 거짓이다, 즉 $x(1-y)(1-z)$
둘째. X는 거짓이고 Y는 참이고 Z는 거짓이다, 즉 $y(1-z)(1-x)$
셋째. X는 거짓이고 Y는 거짓이고 Z는 참이다, 즉 $z(1-x)(1-y)$

이 선출공식들의 총합은 1이므로, 다음의 방정식으로 정리된다.

$$x+y+z-2(xy+yz+zx)+3xyz=1 \quad \cdots\cdots\cdots \ (34)$$

여기에서 요소들끼리의 배타성을 제거해보자. 비배타적 의미에서 명제 'X가 참이거나 Y가 참이거나 Z가 참이다'에 대한 방정식은 다음과 같이 바뀔 것이다.

$$(1-x)(1-y)(1-z)=0 \quad \cdots\cdots\cdots\cdots \quad (35)$$

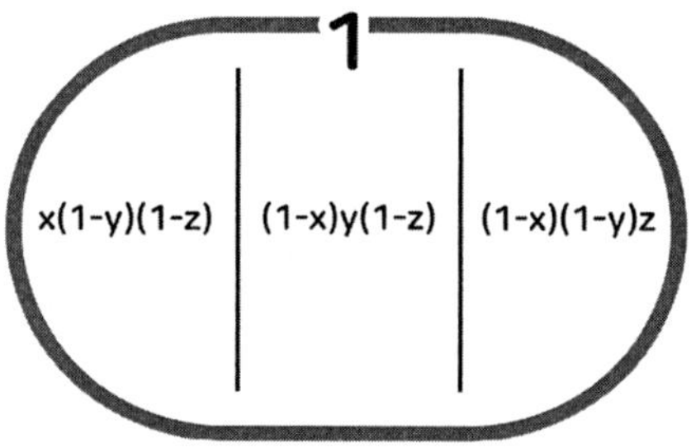

요컨대 우리가 사용한 방법은 요소들이 총합의 값과 배타성의 여부에 영향을 받는 모든 유사한 명제들의 공식화에 적용될 수 있다는 사실을 쉽게 알 수 있다.

9. 조건명제 'X가 참이면 Y는 참이다'의 공식화

X가 참인 경우들은 모두 Y가 참인 경우들을 함축한다. 전자의 경우들은 선출기호 x에 의해 결정되며, 후자의 경우들은 선출기호 y에 의해 결정된다. 이 사실에 공식 (4)를 도입함으로써 우리는 다음의 방정식을 얻는다.

$$x(1-y)=0 \quad \cdots\cdots (36)$$

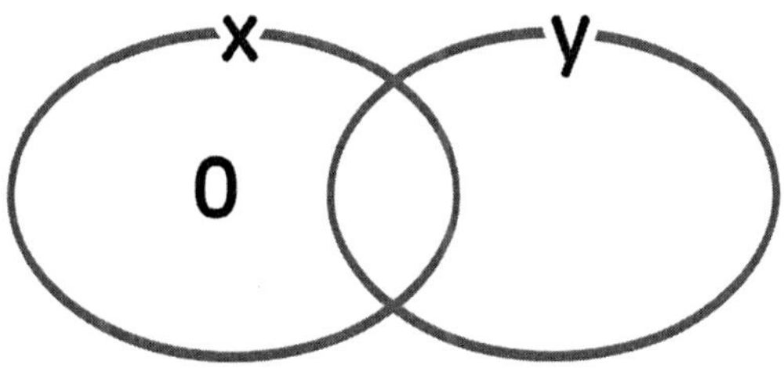

10. 조건명제 'X가 참이면 Y는 거짓이다'의 공식화

이 공식은 당연히 다음과 같다.

$$xy=0 \quad \cdots\cdots (37)$$

이것은 공식 (33)과 동치이다. 달리 말하자면, 조건명제 'X가 참이면 Y는 거짓이다'는 선언명제 'X가 거짓이거나 Y가 거짓이다'와 동치이다.

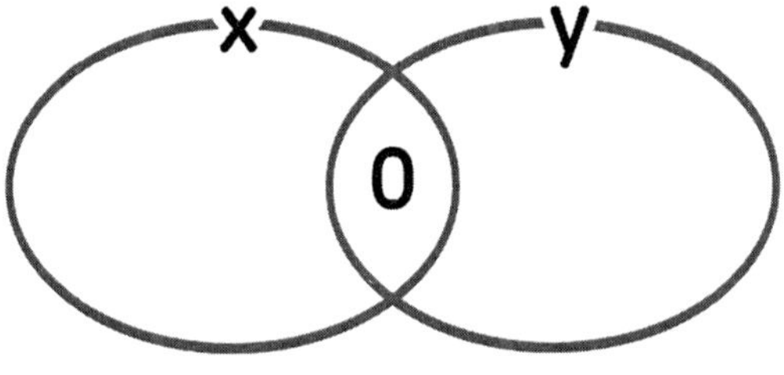

11. 조건명제 'X가 거짓이면 Y는 거짓이다'의 공식화

공식 (36)에서, x를 (1−x)로 바꾸고 y를 (1−y)로 바꾸면, 우리는 다음의 공식을 얻는다.

$$(1-x)y=0$$

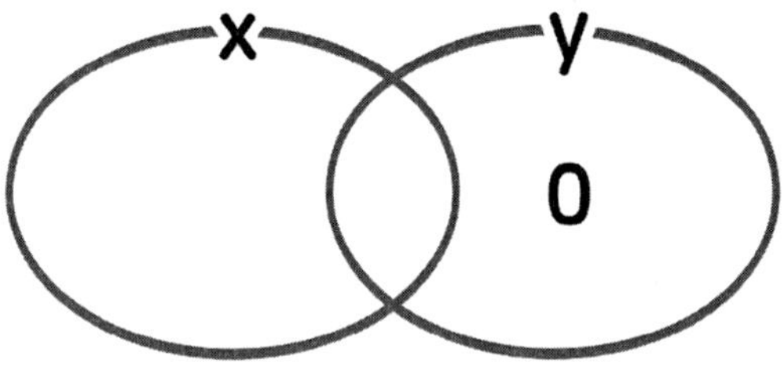

지금까지 우리가 얻은 결과들은 정말 다양한 방식들로 검산될 수 있겠으나, 보다 구체적인 검토를 위해 다음의 방정식을 활용하기로 하자.

$$x-2xy+y=1 \quad \cdots\cdots\cdots\cdots (38)$$

이것은 앞서 언급했듯 배타적 선언명제 'X가 참이거나 Y가 참이다'를 의미한다.

일단 만약 X가 참일 경우, x를 1로 치환하면 다음을 얻는다.

$$1-2y+y=1$$

$$\therefore\ -y=0 \text{ 또는 } y=0$$

이는 Y가 거짓이라는 사실을 의미한다.

다음으로 만약 X가 거짓일 경우, x를 0으로 치환하면 다음을 얻는다.

$$y=1 \quad \cdots\cdots\cdots\cdots\cdots\cdots\cdots\cdots\cdots\cdots \ (39)$$

이는 Y가 참이라는 사실을 의미한다. 이와 같은 방법으로 우리는 Y가 참이라는 가정이나 Y가 거짓이라는 가정까지 검토해 나갈 수 있다.

다시 돌아가서, 알다시피 x^2는 x이고 y^2는 y이므로, 우리는 위 방정식을 다음의 형식으로 재구성할 수 있다.

$$x^2-2xy+y^2=1$$

여기서 양변에 제곱근[19)]을 도입하면 다음의 공식을 얻는다.

---

19) 왜냐하면 $x^2-2xy+y^2$가 소위 완전제곱 공식인 $(x-y)^2$와 같은 값을 갖기 때문이다. 참고로 가장 원시적인 형태의 완전제곱 개념은 알고리즘algorithm의 어원이 되는 페르시아의 수학자 알콰리즈미Al-Khwarizmi가

$$x-y=\pm 1 \quad \cdots\cdots\cdots\cdots\cdots\cdots \quad (40)$$

그리고 이것은 사실이다. 왜냐하면 X가 참이면 Y는 거짓이고, X가 거짓이면 Y는 참이기 때문이다. 그러므로 우리는 다음과 같이 정리할 수 있다.

* x는 1 또는 0이다

* y는 0 또는 1이다

∴ 따라서 x−y는 ±1이다

이외의 경우들을 분석할 때에도 큰 어려움은 없을 것으로 보인다.

정립한 것으로 알려져 있다. [역자 주]

[가언적 삼단논법의 사례들]

가언적 삼단논법의 모든 풀이는, 일단 전제들의 방정식을 만든 다음 그 중에서 두 개 이상 발견되는 기호를 소거하는 방식으로 처리된다. 이로부터 얻어진 결과가 곧 결론이다.

사례1. 선언적 삼단논법

* (배타적으로) X가 참이거나 Y가 참이다, 즉 $x+y-2xy=1$

* X는 참이다, 즉 $x=1$

∴ 따라서 Y는 거짓이다, 즉 $y=0$

* (비배타적으로) X가 참이거나 Y가 참이다, 즉 $x+y-xy=1$

* X는 거짓이다, 즉 $x=0$

∴ 따라서 Y는 참이다, 즉 $y=1$

사례2. 구성적인 조건적 삼단논법

* X가 참이면 Y는 참이다, 즉 $x(1-y)=0$

* X는 참이다, 즉 $x=1$

∴ 따라서 Y는 참이다, 즉 $1-y=0$ 또는 $y=1$

사례3. 파괴적인 조건적 삼단논법

* X가 참이면 Y는 참이다, 즉 $x(1-y)=0$

* Y는 거짓이다, 즉 $y=0$

∴ 따라서 X는 거짓이다, 즉 $x=0$

사례4. 소전제가 배타적인 단순한 구성적 양도논법

* X가 참이면 Y는 참이다, 즉 $x(1-y)=0$ ………………… (41)

* Z가 참이면 Y는 참이다, 즉 $z(1-y)=0$ ………………… (42)

* (배타적으로) X가 참이거나 Z가 참이다, 즉 $x+z-2xz=1$ (43)

방정식 (41), (42), (43)에서, 우리는 x와 z를 소거해야 한다. 우리가 어떤 방식으로 풀든 간에 결과는 다음과 같을 것이다.

$$y=1$$

이로써 명제 Y가 참이라는 사실이 드러난다.

사례5. 소전제가 비배타적인 복잡한 구성적 양도논법

* X가 참이면 Y도 참이다, 즉 $x(1-y)=0$

* W가 참이면 Z도 참이다, 즉 $w(1-z)=0$

* (비배타적으로) X가 참이거나 W가 참이다, 즉

$x+w-xw=1$

이 방정식들에서 x를 소거함으로써 우리는 다음을 얻는다.

$$y+z-yz=1$$

이로써 비배타적으로 Y가 참이거나 Z가 참이라는 결론이 드러난다.

사례6. 소전제가 배타적인 복잡한 파괴적 양도논법

* X가 참이면 Y도 참이다, 즉 $x(1-y)=0$
* W가 참이면 Z도 참이다, 즉 $w(1-z)=0$
* (배타적으로) Y가 거짓이거나 Z가 거짓이다, 즉 $y+z-2yz=1$

이 방정식들에서는 y와 z를 소거해야 한다. 그 결과는 다음과 같다.

$$xw=0$$

이때는 '비배타적으로' X가 거짓이거나 Y가 거짓이라는 결론을 나타낸다.

사례7. 소전제가 비배타적인 복잡한 파괴적 양도논법

* 만약 X가 참이면 Y가 참이다, 즉 $x(1-y)=0$

* 만약 W가 참이면 Z가 참이다, 즉 $w(1-z)=0$

* (비배타적으로) Y가 참이 아니거나 Z가 참이 아니다, 즉 $yz=0$

마찬가지로 y와 z를 소거함으로써 다음의 공식을 얻는다.

$$xw=0$$

이로써 사례6과 동일한 결론이 나옴을 알 수 있다.

양도논법에서 소전제의 요소들이 배타적이든 비배타적이든 간에, 결론에 있는 선언문의 요소들은 언제나 비배타적이다. 이 사실은 위 사례뿐 아니라 그와 유사한 사례들로부터도 드러난다. 아마도 이 사실이 논리학자들의 주목을 받지는 못해왔던 것 같다.

우리는 앞서 논리학자들로부터 받아들여지고 있는 가언적 삼단논법의 주요한 형식들을 살펴보았다. 물론 이 목록을 더 늘려나가는 것도 어렵지는 않을 것이다. 가령 아래의 사례와 같이 선언과 조건이 혼합된 명제들을 고려해볼 수 있겠다.

* 만약 X가 참이면, Y가 참이거나 Z가 참이다, 즉 $x(1-y-z+yz)=0$

* Y는 참이 아니다, 즉 y=0

∴ 따라서 만약 X가 참이면 Z가 참이다, 즉 x(1−z)=0

논리학자들이 소위 인과명제causal-proposition라고 부르는 것은, 사실상 대전제가 생략된 조건적 삼단논법이다.

다시 말해 "X가 참인 것은 Y가 참이기 때문이다because"라는 인과명제는, 다음의 주장과 동치이다.

"명제 Y는 참이다. 따라서therefore 명제 X는 참이다."

그리고 이 주장에는 아래 조건적 삼단논법의 소전제와 결론이 담겨있다.

* Y가 참이면 X는 참이다

* Y는 참이다

∴ 따라서 X는 참이다

그러므로 우리 방법의 일반적인 적용범위에 인과명제들도 포함되는 것 같다.

주의할 점은, 여기에서 고려된 사례들에 속하지 않는 선언명제들과 조건명제들의 유형도 당연히 존재한다는 것이다. 마치 어떤 섬의 주민들을 지칭할 때 우리가 "모든 주민은 유럽인이거나 아시아인이다"라고 말하는 것처럼. (달리 말해 개인이 각각 유럽인이거나 아시아인이라는 사실이 참이라고 말하는 것처럼.) 선언적이거나 조건적인 요소는 명제의 술어에도 영향을 미친다. 만약 우리가 선출기호 x를 주민으로, 선출기호 y를 유럽인으로, 선출기호 z를 아시아인으로 치환한다면, 위 명제의 방정식은 다음과 같이 풀이될 것이다.

$$x=xy+xz \quad 또는 \quad x(1-y-z)=0 \quad \cdots\cdots\cdots\cdots\cdots (a)$$

물론 유럽인이 동시에 아시아인일 수는 없기 때문에 조건 yz=0을 덧붙일 수도 있다. 기호 x, y, z는 이 명제가 앞에서 정언명제라고 불렀던 유형에 속한다는 사실을 드러낸다. 반면에 "모든 주민은 유럽인이거나 모든 주민은 아시아인이다"라는 명제는 위의 명제와 완전히 다른 명제이다. 이때 선언 연결사는 명제를 분리하기 때문이다. 그 결과는 이 장의 (31)에서 고려했던 바와 같다. 그리고 그것이 표현되는 기호들은, 비록 (a)와 똑같은 법칙들에서 기인한 것임에도 불구하고 완전히 다른 해석을 갖는다.[20]

20) 래섬Latham 박사(『First Outlines』 참조)를 비롯한 몇몇 작가들은, 이것을 단어가 아니라 명제에 대한 연결사의 배타성이라 간주한다. 나는 이러한 관점에 동의할 수 없다. "모든 동물은 합리적이거나 비합리적이다"라는 명제는 "모든 동물이 합리적이거나 아니면 모든 동물이 비합리적이다"라

이 차이는 현실적이면서도 중요하다. 언어로 표현할 수 있는 명제는 모두 선출기호로 나타낼 수 있으며, 어떻게 표현하는 경우이든 간에 그 기호들을 결합하는 법칙은 언제나 동일하다. 다만 어떤 경우에서 기호들은 일련의 대상들을 지시하며, 또 다른 경우에서 기호들은 표현될 명제들의 진리값을 지시한다.

고 풀이될 수 없다. 전자는 순수한 정언명제에 속하고 후자는 가언명제에 속한다. 다만, 단칭명제singular-proposition의 경우에서는 그러한 변환도 허용되는 것처럼 보인다. 가령 "이 동물은 합리적이거나 비합리적이다"는 "이 동물은 합리적이거나 아니면 이 동물은 비합리적이다"와 동치이다. 이러한 단칭명제들의 특이성 때문에, 그것이 설령 보편적인 것일지라도 (라무스Ramus와 그의 제자들이 그랬듯이) 하나의 독립된 집단으로 분류하는 것이 거의 정당할 것이다.

6. 선출함수의 속성

선출기호들의 결합은 양적인 법칙들을 따르기 때문에, 우리는 (이미 잘 알려진 예외사례들을 제외하고) 매클로린Maclaurin의 정리[21]를 이용함으로써 함수 Φ(x)를 x의 거듭제곱의 형식으로 확장할 수 있다.

$$\Phi(x)=\Phi(0)+\Phi'(0)x+\frac{\Phi''(0)}{1.2}x^2+\&c \quad \cdots\cdots\cdots\cdots (44)$$

21) 무한히 미분가능한 함수의 근사식을 구하기 위하여 그 함수에 접하는 n차 도함수들의 총합으로 해석할 수 있는데, 그 중에서 도함수들에 구속된 x가 0인 경우에 관한 이론. 간단히 $\sum_{n=0}^{\infty}\frac{\Phi^{(n)}(0)}{n!}x^n$의 형태로 표기되기도 한다. 이 식에서 기호 Σ는 급수series를 뜻하는 것으로, 그 범위는 n이 0에서 ∞일 때까지이다. 분자의 함수 Φ는 n번째에 x가 0인 경우로 구속되어 있으며, 분모의 기호 !는 계승factorial을 뜻하는 것으로, 부울은 이 책에서 1×2×3×⋯×(n−1)×n의 형태로 표기하였다. [역자 주]

이때 지수법칙에 따라 $x^2=x$, $x^3=x$,⋯ 등을 적용하면 다음을 얻는다.

$$\Phi(x)=\Phi(0)+x\{\Phi'(0)+\frac{\Phi''(0)}{1.2}+\&c\} \quad \cdots\cdots\cdots\cdots\cdots (45)$$

만약 (44)에서 x를 1로 놓는다면 다음을 얻는다.

$$\Phi(1)=\Phi(0)+\Phi'(0)+\frac{\Phi''(0)}{1.2}+\&c$$

이를 이항하면 다음을 얻는다.

$$\Phi'(0)+\frac{\Phi''(0)}{1.2}+\frac{\Phi'''(0)}{1.2.3}+\&c=\Phi(1)-\Phi(0)$$

이 값을 (45)의 두 번째 요소에 있는 x의 계수coefficient에 대입해보자.[22)]

---

22) 이 정리와 그 다음의 정리는 비록 매클로린의 정리에 의해 전개 가능한 함수의 형식들에 대해서만 증명되었지만, 어떤 형식에서든지 참으로 간주될 수 있다. 이 사실은 직접 적용해볼 때 드러난다. 그 이유는 선출함수가 해석가능하게 되는 것이 오직 전개의 한 가지 형태를 통해서만 이루어지므로 상충되는 해석이 일절 불가능하기 때문일 것이다. Φ(x)의 전개 역시 그런 식으로 결정될 수 있다. 계승의 전개에 대한 잘 알려진 공식을 적용해보자.

$$\Phi(x)=\Phi(0)+\{\Phi(1)-\Phi(0)\}x \quad \cdots\cdots\cdots\cdots (46)$$

중괄호를 풀면 아래의 공식이 도출될 것이다.

$$\Phi(x)=\Phi(1)x+\Phi(0)(1-x) \quad \cdots\cdots\cdots\cdots (47)$$

정수인 제곱을 갖는 x에 대한 모든 함수들은 위 정리에 의해 일차식으로 축소될 수 있다. 우리는 Φ(0)과 Φ(1)을 함수 Φ(x)의 모듈modulus[23]이라 칭할 것이다. 모듈이 선출함수의 이론

$$\Phi(x)=\Phi(0)+\Delta\Phi(0)x+\frac{\Delta^2\Phi(0)}{1.2}x(x-1)+\&c$$

이제 x가 어떤 선출기호라고 한다면 x(x−1)=0이 되므로, 두 번째 항 다음에 있는 모든 항들은 0이다. 또한 ΔΦ(0)=Φ(1)−Φ(0)이라고 한다면, 다음을 얻는다.

$$\Phi\{x=\Phi(0)\}+\{\Phi(1)-\Phi(0)\}x$$

수학자라면 이것이 전개가 두 번째 항에서 멈추는 유일한 경우가 아니라는 사실에 관심을 가질 수도 있겠다. 복합적으로 작용하는 함수 $\Phi(\frac{d}{dx}+x^{-1})$와 $\Phi\{x+(\frac{d}{dx})^{-1}\}$의 전개는 각각 아래와 같다.

$$\Phi(\frac{d}{dx})+\Phi'(\frac{d}{dx})x^{-1},$$

그리고 $\Phi(x)+\Phi'(x)(\frac{d}{dx})^{-1}$

이는 『Cambridge Mathematical Journal』 4권 219쪽을 참조하라.

23) 법이라고 번역되는 경우도 있지만, 혼동을 방지하기 위해 그대로 모듈이

에서 얼마나 중요한 역할을 갖는지는 아래의 명제들에서 확인할 수 있다.

명제1. 함수 $\Phi(x)$와 함수 $\Psi(x)$가 있을 때 두 함수의 대응하는 모듈들이 동일하다면 두 함수는 동치이다.

이것은 앞의 내용에 대한 명백한 귀결이다.

$$\Phi(x)=\Phi(0)+\{\Phi(1)-\Phi(0)\}x$$
$$\Psi(x)=\Psi(0)+\{\Psi(1)-\Psi(0)\}x$$

여기서 만약 $\Phi(0)=\Psi(0)$이고 $\Phi(1)=\Psi(1)$이라면, 우변의 전개식이 동치일 것이므로 좌변의 주어진 함수 또한 동치일 것이다.

그리고 명제1의 역 또한 참일 것이다.

즉, 만약 두 함수가 동치라면 그것들에 대응하는 계수들은 같다. 위 정리를 적용할 때, 우리가 가장 주목해야 할 부분은 다음과 같다.

라고 번역하였다. [역자 주]

일단 다음의 방정식을 만족하는 함수 $\Phi(x)$의 형태를 결정할 필요가 있다고 가정해보자.

$$\{\Phi(x)\}^n=\Phi(x)$$

우리는 그 문제에 대하여 아래와 같은 공식을 얻는다.

$$\{\Phi(0)\}^n=\Phi(0),\ \{\Phi(1)\}^n=\Phi(1) \quad \cdots\cdots\cdots\cdots\cdots (48)$$

이번에는, 다음의 방정식을 만족하는 조건들을 결정할 필요가 있다고 가정해보자.

$$\Phi(x)\Psi(x)=X(x)$$

일반정리에 의해 다음을 얻는다.

$$\Phi(0)\Psi(0)=X(0),$$
$$\Phi(1)\Psi(1)=X(1) \quad \cdots\cdots\cdots\cdots\cdots\cdots\cdots (49)$$

이 결과는 $\Phi(x)$, $\Psi(x)$, $X(x)$를 그것들의 전개식으로 대체함으로써, 그리고 결과로 얻은 방정식의 계수들을 적절하게 정리함으로써 증명될 수 있다.

위의 모든 정리들은 둘 이상의 기호에 대한 함수로 확장될 수 있다. 서로 다른 선출기호들이 양적인 법칙에 의하여 서로 결합하기 때문에, 우리는 먼저 주어진 함수에서 그것이 포함하는 모든 특정한 기호들을 기준으로 전개한 다음, 이어서 그 결과를 또 다른 기호들로 전개할 수 있다. 이때 전개의 순서는 그다지 중요하지 않다.

따라서 주어진 함수가 $\Phi(xy)$일 때 우리는 다음을 얻는다.

$$\Phi(xy)=\Phi(x0)+\{\Phi(x1)-\Phi(x0)\}y$$

그런 다음 x를 기준으로 계수들을 전개한 바를 정리하면 다음을 얻는다.

$$\Phi(xy)=\Phi(00)+\{\Phi(10)-\Phi(00)\}x+\{(\Phi(01)-\Phi(00)\}y+\{\Phi(11)-\Phi(10)-\Phi(01)+\Phi(00)\}xy \quad \cdots\cdots (50)$$

이로부터 아름답게도 규칙적인 공식이 만들어진다.

$$\Phi(xy)=\Phi(00)(1-x)(1-y)+\Phi(01)y(1-x)+\Phi(10)x(1-y)+\Phi(11)xy \quad \cdots\cdots (51)$$

말하자면 우리는 이미 살펴본 이론에 적합하도록 함수 $\Phi(xy)$의 모듈로서 $\Phi(00)$, $\Phi(01)$, $\Phi(10)$, $\Phi(11)$를 불러온 것이다.

위의 일반공식을 통하여, 두 변수를 갖는 모든 함수들은 그 안에 대응하는 모듈들이 모두 동일할 때 동치라는 사실이 입증된다.

다음의 방정식을 보자.

$$\{\Phi(xy)\}^n=\Phi(xy)$$

이 방정식을 만족하는 조건들은 아래와 같다.

$$\{\Phi(00)\}^n=\Phi(00),$$
$$\{\Phi(01)\}^n=\Phi(01),$$
$$\{\Phi(10)\}^n=\Phi(10),$$
$$\{\Phi(11)\}^n=\Phi(11) \quad \cdots\cdots\cdots\cdots (52)$$

다음의 방정식도 보자.

$$\Phi(xy)\Psi(xy)=X(xy)$$

이 방정식을 만족하는 조건들은 아래와 같다.

$$\Phi(00)\Psi(00)=X(00),$$
$$\Phi(01)\Psi(01)=X(01),$$
$$\Phi(10)\Psi(10)=X(10),$$

$$\Phi(11)\Psi(11)=X(11) \quad \cdots\cdots\cdots\cdots \quad (53)$$

전개된 선출함수의 일반공식인 (47)과 (51)을 귀납적 형식으로 만드는 것은 매우 쉬운 일이다. 만약 선출기호의 값을 m이라 한다면, 그 모듈의 값은 2^m이 될 것이고, 주어진 함수에 대한 선출기호들의 자리에서 가능한 모든 방법들로 값 1과 0을 교환함으로써 그것들과 별개의 값을 얻을 것이라는 사실은 명백하다. 모듈이 계수로 사용되는 전개식의 여러 항들은 함수 기호 아래에서 반복되는 각각의 1에 대해 그것이 나타내는 선출기호 x 등을 씀으로써 그리고 각각의 0에 대해 그것이 나타내는 선출기호 1−x 등을 씀으로써 형식화된다. 그리고 만약 이것들을 인수로 간주한다면, 여기서 획득된 값에 모듈을 곱한 값이 전개식에서 하나의 항을 구성한다.

$t_1.t_2\cdots t_r$가 x, y,⋯의 함수인 다음 선출함수의 모듈을 표기한다고 해보자.

$$\Phi(xy\cdots),\ a_1t_1+a_2t_2\cdots+a_r t_r \quad \cdots\cdots\cdots \quad (54)$$

이는 공식 x, y,⋯, 1−x, 1−y,⋯ 등을 인수로 사용함으로써 해결할 수 있다. 이 함수들은 각각 다음의 지수관계가 만족된다.

$$t_1^n=t_1,\ t_2^n=t_2,\ \&c \quad \cdots\cdots\cdots\cdots \quad (55)$$

또한 모든 두 개의 곱이 0이 되는 다음의 관계도 만족된다.

$$t_1t_2=0, \cdots, t_1t_2=0, \&c \quad \cdots\cdots\cdots\cdots (56)$$

이는 특수공식 (47)과 (51)의 검토로부터 직접적으로 추론될 것이다. 따라서 후자에서 우리는 t_1, t_2,… 등의 값에 대해 아래의 공식들을 얻는다.

$$xy$$
$$x(1-y)$$
$$(1-x)y$$
$$(1-x)(1-y)$$

이것들이 지수관계를 만족한다는 사실 및 그 곱이 모두 0이 된다는 사실은 자명하다. 우리는 $t_1t_2\cdots$를 $\Phi(xy)$의 구성함수 constituent-function라 명명할 것이며, 구성함수에서 두 항의 곱이 0이 되는 특성을 앞서 배타성이라 불렀던 개념에 대응하는 것으로 간주할 것이다. 실제로 구성함수들이 나타내는 집단들은 상호 배타적이다.

전개된 함수의 모든 구성요소들의 총합은 1이다. 1을 주어진 모든 선출기호들의 함수로 전개함으로써 이 명제에 대한 아름다운 증명을 얻게 된다. 요컨대 만약 (51)에서 $\Phi(xy)$를 1이라고 가정한다면, 우리는 다음을 얻는다.

$$\Phi(11)=1$$
$$\Phi(10)=1$$
$$\Phi(01)=1$$
$$\Phi(00)=1$$

이것들을 (51)에 대입하면 다음을 얻는다.

$$1=xy+x(1-y)+(1-x)y+(1-x)(1-y) \quad \cdots\cdots (57)$$

정말 많은 기호들이 들어있음에도 불구하고, 구성요소들의 총합이 1이라면, 1에 대한 모듈들이 모두 1이라는 사실은 분명하다.

우리는 이제 선출방정식에 대한 일반적인 해석의 문제에 착수할 준비가 되었다. 이 목적을 성취하기 위하여, 우리는 다음과 같은 가장 중요한 명제를 짚고 넘어가야만 한다.

명제2. 만약 주어진 함수의 모듈을 a라고 할 때, 일반방정식 $\Phi(xy\cdots)=0$의 첫 번째 요소가 각각의 공식 at에 대한 일련의 항들로 전개된다면, 우리는 0이 아닌 수로 이루어진 모든 모듈 a에 대하여 방정식 $at=0$을 얻는다. 그리고 이러한 여러 방정식들의 해석을 결합해보면, 기존 방정식에 대한 완전한 의미가 드러날 것이다.

다음의 공식을 통해 그 이유를 알 수 있다.

$$a_1t_1+a_2t_2+a_rt_r=0 \quad \cdots\cdots\cdots\cdots\cdots\cdots (58)$$

t_1과 (56)을 곱하면 다음을 얻는다.

$$a_1t_1=0 \quad \cdots\cdots\cdots\cdots\cdots\cdots\cdots\cdots (59)$$

여기서 만약 a_1이 0이 아닌 수로 이루어진 상수라면, 다음을 얻는다.

$$t_1=0$$

그리고 0이 아닌 모든 모듈들에 대해서도 마찬가지이다. 우리가 이 구성방정식들을 통하여 주어진 방정식을 형식화할 수 있는 만큼, 그 해석들의 총합은 그 방정식의 전체적인 의미를 나타낼 것이다.

마지막으로 주어진 방정식이 다음과 같다고 가정해보자.

$x-y=0$, 즉 "X와 Y는 동일하다" ········ (60)

그러면 우리는 Φ(11)=0, Φ(10)=1, Φ(01)=−1, Φ(00)=0 등을 얻는다. 이를 통해 전개식 (51)은 다음의 공식으로 간주될 수 있다.

$$x(1-y)-y(1-x)=0$$

그리고 위의 정리에 의하여, 결과적으로 다음의 방정식들은 모두 (60)과 동치이다.

$x(1-y)=0$, 즉 "모든 X는 Y이다"
$y(1-x)=0$, 즉 "모든 Y는 X이다"

이렇게 연역된 방정식들의 연립simultaneous은 하나 이상의 선출기호를 0이 되도록 만들 수 있다. 이것은 단지 특정 집단의 부재를 의미할 뿐이지만, 그 최종적인 결과는 논리적으로 전체집단의 부재를 나타내는 다음의 공식으로도 이어질 수 있다.

$$1=0$$

위의 경우는 우리가 모순명제contradictory-proposition들을 단일한 방정식으로 통합하려고 할 경우 때에만 발생할 것이다. 결과적으로 난점을 피할 수 있는 것처럼 보이는 이 방법은 인상적이다.

이 명제로부터, 선출함수들에 대한 해석의 차이는 오직 0이 되는 모듈의 수와 위치에만 의존한다는 사실이 드러난다. 모듈의 값은 변하지 않지만, 0이 되는 모듈은 모듈이 포함된 방정식의 해석에 변화들을 발생시킨다. 만약 우리가 주어진 방정식에서 0이 되지 않는 모듈들에 부여될 수 있는 무한히 다양한 값들 중에서 어떤 특정한 값을 정해야만 한다면, 그것은 1이다. 왜냐하면 어떤 함수의 모듈들이 모두 0이거나 1일 때, 그 함수 자체는 다음의 조건을 만족하기 때문이다.

$$\{\Phi(xy\cdots)\}^n=\Phi(xy\cdots)$$

이는 우리의 연산에 규칙성을 부여하며, 참조할만한 고정된 기준을 제공한다.

명제3. 만약 w, x, y⋯가 선출기호일 때 w=Φ(xy⋯)이면, 그리고 그 두 번째 요소가 완전히 전개되고 공식 at에 대한 일련의 항들로 배열된다면, 우리는 모듈 a가 $a^n=a$의 조건을 만족하지 않는 모든 항들을 전부 0으로 간주할 수 있다. (이때 그 나머지 항들의 총합을 z의 값이라고 간주하자.)

이 명제에 대한 증명은 어차피 그 두 번째 요소에 있는 항들의 개수에 거의 영향을 받지 않기 때문에, 우리는 단순화를 위해 그것이 네 개라고 가정할 것이고, 또한 첫 번째 모듈과 두 번째 모듈이 지수법칙을 만족한다고 가정할 것이다.

그러면 우리는 다음의 공식을 얻는다.

$$w=a_1t_1+a_2t_2+a_{31}t_3+a_4t_4 \quad \cdots\cdots\cdots\cdots\cdots\cdots (61)$$

뿐만 아니라 t_1, t_2, t_3, t_4를 연결하는 두 세트의 관계에 더하여 아래의 관계들을 얻는다.

$$a_1^n=a_1$$
$$a_2^n=a_2$$

이는 (55)와 (56)에 대응하는 것이다. (61)을 제곱함으로써 우리는 다음을 얻는다.

$$w=a_1t_1+a_2t_2+a^2{}_{31}t_3+a^2{}_4t_4$$

그리고 바로 (61)을 빼면 다음을 얻는다.

$$(a_3{}^2-a_3)t_3+(a_4{}^2-a_4)t_4=0$$

이 항들의 계수가 0이 되지 않는다고 가정할 때, 우리는 명제 2에 의해 다음을 얻는다.

$$t_3=0,\ t_4=0 \quad \cdots\cdots (62)$$

이로써 (61)은 다음의 공식으로 변모한다.

$$z=a_1t_1+a_2t_2$$

이 명제의 유용성은 앞으로 더 살펴볼 것이다.

명제4. 함수 t_1, $t_2 \cdots t_r$가 상호배타적일 때, 우리는 언제나 다음의 공식을 얻는다.

$\Psi(a_1t_1+a_2t_2\cdots+a_rt_r)=\Psi(a_1)t_1+\Psi(a_2)t_2\cdots+\Psi(a_r)t_r$ (63)

$a_1a_2\cdots a_r$의 값이나 Ψ의 공식이 무엇이든 상관없다. 함수 $a_1t_1+a_2t_2\cdots+a_rt_r$가 $\Phi(xy\cdots)$라고 표현된다고 가정해보자. 그러면 모듈들 $a_1a_2\cdots a_r$는 다음의 공식으로 나타낼 수 있다.

$$\Phi(11\cdots),\ \Phi(10\cdots),\ \cdots,\ \Phi(00\cdots)$$

또한 $\Psi(a_1t_1+a_2t_2\cdots+a_rt_r)$는 아래와 같이 나타낼 수 있다.

$$=\Psi\{\Phi(xy\cdots)\}$$

$$=\Psi\{\Phi(11\cdots)\}xy\cdots+\Psi\{\Phi(10)\}x(1-y)\cdots+\Psi\{\Phi(00)\}(1-x)(1-y)\cdots$$

$$=\Psi(a_1)xy\cdots+\Psi(a_2)x(1-y)\cdots+\Psi(a_r)(1-x)(1-y)\cdots$$

$$=\Psi(a_1)t_1+\Psi(a_2)t_2\cdots+\Psi(a_r)t_r \quad \cdots\cdots (64)$$

위의 예시들이 갖는 흥미로운 특징들의 목록을 더 많이 조사하는 것은 어렵지 않을 것이다. 그러나 지금은 우리가 강조했던 것들만으로도 충분하다. 다음의 명제는 이것들의 유용성을 설명하는 역할을 할 것이다.

명제5. 하나의 주어진 명제에다가 어떠한 추론과정을 적용하든 간에, 그 결과는 언제나 동일한 명제이거나 혹은 그 명제에 대한 특정한 제한이다.

주어진 명제의 방정식을 가장 일반적인 공식으로 표현해보자.

$$a_1t_1+a_2t_2\cdots+a_r t_r=0 \quad \cdots\cdots (65)$$

이것은 0이 아닌 수로 이루어진 모듈들이 존재하는 개수만큼만큼 많은, 공식 t=0에 대한 방정식들을 통해 풀이될 수 있다.

이제 이 방정식을 가장 일반적인 형태로 변형하면 다음과 같다.

$$\Psi(a_1t_1+a_2t_2\cdots+a_rt_r)=\Psi(0) \quad \cdots\cdots\cdots\cdots\cdots\cdots (66)$$

Ψ를 심지어는 기존의 선출기호들과 새로운 선출기호들이 어떻게 관계되든 '모조리' 포함할 수 있는 완전히 임의적인 것으로 간주할 때 말이다.

(66)에다 명제4를 적용하면 다음을 얻는다.

$$\Psi(a_1)t_1+\Psi(a_2)t_2\cdots+\Psi(a_r)t_r=\Psi(0)$$

이것을 일반적인 기준이 될 만한 형태로 정리해보자.

$$t_1+t_2\cdots+t_r=1$$

우리는 위의 공식을 Ψ(0)에 도입할 수 있는지만 확인하면 된다.

$$\Psi(0)(t_1+t_2\cdots+t_r)$$

여기서 치환과 변형을 통해 다음을 얻는다.

$$\{\Psi(a_1)-\Psi(0)\}t_1+\{\Psi(a_2)-\Psi(0)\}t_2\cdots+\{\Psi(a_r)-\Psi(0)\}t_r=0$$

여기서 만약 a가 기존 방정식의 모듈이라면, 변형된 방정식에 대응하는 모듈은 다음과 같다.

$$\Psi(a)-\Psi(0)$$

그리고 만약 a가 0이라면, 다음과 같다.

$$\Psi(a)-\Psi(0)=\Psi(0)-\Psi(0)=0$$

즉, **변형된 방정식에 새로운 항이 존재하지 않는다면, 구성요소들을 0으로 둠으로써 얻어지는 새로운 명제도 존재하지 않는다.**

Ψ(a)−Ψ(0)는 0으로 만들지 않아도 원래 0일 수 있기 때문에, 최초에 존재했던 변형된 방정식에서 항들이 부족할 수도 있다. 따라서 기존 명제를 구성하는 진리값들 중 일부는, 최종결과의 해석에서 완전히 사라질 수 있다.

마지막으로 Ψ(a)−Ψ(0)가 0이 아니라면, 그것은 숫자로 이루어진 상수이거나 그것도 아니라면 새로운 선출기호를 포함해야만 한다. 전자인 경우, 그것이 위치한 항은 기존 방정식의 구성요소들 중 하나인 다음의 공식을 얻을 것이다.

$$t=0$$

반면 후자인 경우, 우리는 t가 제한된 인수를 갖는 다음의 공식을 얻을 것이다.

$$\{\Psi(a)-\Psi(0)\}t=0$$

따라서 이 방정식에 대한 해석은 곧 (65)에 대한 해석을 제한한 것이다.

이러한 연구의 목적은 논리학자들보다는 수학자들에게 더 분명할 것이다. 어떤 수학적 방정식이든지 그로부터 무한한 개수의 또 다른 방정식들이 연역될 수 있듯이, 기존의 방정식이 어떤 논리적 명제를 표현한다고 할 때 그로부터 도출된 일련의 모든 요소들이 (심지어 함수기호 안에서 전개될 때에도) 정확하고도 일관적인 해석을 가능케 한다는 사실을 보여주는 것이 필요해보였다.

7. 선출방정식의 해에 대하여

미지수unknown로 간주된 어떤 선출기호가 주어진 방정식에 포함될 수 있는 어떤 방식에서든, 기지수known로 간주된 나머지 선출기호들을 기준으로 하여 그 완전한 값을 할당할 수 있다. 이러한 방정식은 선출기호의 특성상 필연적으로 선형linear이며, 그 해는 (하나는 임의의 선출기호이고, 또 다른 하나는 임의의 상수를 차지하는) 선형의 미분방정식differential-equation과 매우 유사하다. 우리는 일단 특수사례들을 통해 해를 푸는 방법을 설명할 것이고, 그런 다음 일반정리에 대한 연구에 적용해보기로 하겠다.

1. 공식 (1-x)y=0 즉 명제 "모든 Y는 X이다"에서 y를 결정하기

y는 x의 함수이기 때문에, 우리는 (모듈 v와 모듈 v'가 아직 결정되지 않은) x에 대한 임의의 함수에 대한 공식인 $y=vx+v'(1-x)$를 가정할 수 있다. 그러면 다음을 얻는다.

$$(1-x)\{vx+v'(1-x)\}=0$$

혹은 실제로 곱셈을 풀어보면 다음을 얻는다.

$$v'(1-x)=0$$

만약 x에 어떠한 제한도 가하지 않는다면 이 공식은 일반적으로 참일 수 있으며, 이때 우리는 v'=0를 가정해야 할 것이다. 만약 v에 대한 어떠한 제한조건도 없다면 우리는 다음을 얻는다.

$$y=vx \quad \cdots\cdots (67)$$

이것이 방정식의 완전한 해이다. y가 선출기호라면 (지수법칙을 만족해야 하기 때문에) v 또한 선출기호여야 한다. 이러한 해석은 한편으로 임의적이다.

마찬가지로 방정식 xy=0의 해는 다음과 같다.

$$y=v(1-x) \quad \cdots\cdots (68)$$

2. 방정식 (1-x)zy=0 즉 명제 "모든 Z인 Y는 X이다"에서 y를 결정하기

y가 x와 z에 대한 함수이기 때문에, 우리는 다음을 가정할 수 있다.

$$y=v(1-x)(1-z)+v'(1-x)z+v''x(1-z)+'''zx$$

치환을 하면 우리는 다음을 얻게 된다.

$$v'(1-x)z=0$$

이때 v'는 0이다. 따라서 완전한 해는 다음과 같다.

$$y=v(1-x)(1-z)+v''x(1-z)+v'''xz \quad \cdots\cdots\cdots (69)$$

여기서 v', v'', v'''는 임의의 선출기호들이며, 이 결과에 대한 엄밀한 해석은 "모든 Y는 not-X이면서 not-Z이거나, 아니면 X이면서 not-Z이거나, 아니면 X이면서 Z이다"이다.

선형적 형식의 귀결에서 x와 z를 기준으로 두 개의 특정한 해를 더함으로써, 그리고 각각 포함된 임의의 상수를 또 다른 기호의 임의의 함수로 대체함으로써, 위의 방정식이 풀이될 수 있다는 사실은 주목할 만하다. 그 결과는 다음과 같다.

$$y=x\Phi(z)+(1-z)\Psi(x) \quad \cdots\cdots (70)$$

이 해가 또 다른 해와 동치라는 것을 보여주기 위하여, 임의의 함수 $\Phi(z)$와 $\Psi(x)$를 그와 동치인 $wz+w'(1-z)$와 $w''x+w'''(1-x)$로 대체하기만 하면 다음의 공식을 얻게 된다.

$$y=wxz+(w'+w'')x(1-z)+w'''(1-x)(1-z).$$

w'와 w''이 갖는 철저히 임의적인 특성으로 인하여, 우리는 그것들의 합을 단일한 기호 w로 대체할 수 있다.

$$y=wxz+w'x(1-z)+w'''(1-x)(1-z)$$

이는 (69)에 부합한다. 임의의 함수들로 공식화한 방정식 $wx(1-y)z=0$의 해는 다음과 같다.

$$z=(1-w)\Phi(xy)+(1-x)\Psi(wy)+yX(wx) \quad \cdots\cdots (71)$$

이러한 사례는 선출방정식의 해와 그에 대응하는 선형미분방정식의 순서 사이에 존재하는 유사성을 보여주는 역할을 할 수 있다. 따라서 임의의 함수들 또는 임의의 계수를 갖는 급수들에 의한 편미분partial-differential방정식의 적분integral 공식은 방금의 두 사례와 정말로 유사하다. 이제 우리가 이러한 비교를 계속해서 해나갈지의 여부는 실용성에 달려있다기보다는 호기심에 달려있을 것이다. 우리는 선출방정식의 해에 대한 문제를 그저 가장 일반적인 측면에서 고려하고자 할 것이며, 나머지는 후속하는 연구들의 몫일 것이다.

3. y를 기준으로 일반방정식 $\Phi(xy)=0$를 풀기

만약 우리가 x와 y를 기준으로 주어진 방정식을 전개한다면, 다음의 방정식을 얻는다.

$$\Phi(00)(1-x)(1-y)+\Phi(01)(1-x)y+\Phi(10)x(1-y)+\Phi(11)xy=0 \quad \cdots\cdots (72)$$

이는 숫자로 이루어진 상수 $\Phi(00)$, $\Phi(01)$, $\Phi(10)$, $\Phi(11)$를 계수로 한다. 이제 (x의 함수에 의하여) y에 대한 일반공식은 다음과 같다.

$$y=vx+v'(1-x)$$

여기서 v와 v'는 결정되어야 할 미지수 기호이다. (72)에서 이 값을 치환함으로써, 우리는 다음과 같은 형태의 결과를 얻을 수 있다.

$$[\Phi(10)+\{\Phi(11)-\Phi(10)\}v]x+[\Phi(00)+\{\Phi(00)-\Phi(00)\}v'](1-x)=0$$

그리고 이 방정식이 x의 일반성을 어떤 방식으로든 제한하지 않고서 만족될 수 있도록, 우리는 아래의 공식들을 받아들여야 한다.

$$\Phi(10)+\{\Phi(11)-\Phi(10)\}v=0$$
$$\Phi(00)+\{\Phi(01)-\Phi(00)\}v'=0$$

이로부터 다음을 연역할 수 있다.

$$v=\frac{\Phi(10)}{\Phi(10)-\Phi(11)}$$
$$v'=\frac{\Phi(00)}{\Phi(01)-\Phi(00)}$$

따라서 다음의 결론을 얻는다.

$$y=\frac{\Phi(10)}{\Phi(10)-\Phi(11)}x+\frac{\Phi(00)}{\Phi(00)-\Phi(01)}(1-x) \quad \ldots(73)$$

만약 우리가 기존의 방정식을 오직 y에 관해서만 전개했다면, 우리는 다음을 얻었을 것이다.

$$\Phi(x0)+\{\Phi(x1)-\Phi(x0)\}y=0$$

그러나 이 방정식에 대하여 아래와 같이 추론했다면, 그것은 기호대수학에 익숙하지 않은 사람들을 놀라게 만들었을 것이다.

$$y=\frac{\Phi(x0)}{\Phi(x0)-\Phi(x1)}$$

왜냐하면 두 번째 요소가 명백히 무의미하기 때문이다. 하지만 이러한 결과는 완전히 타당하며, 두 번째 요소의 전개는 위에서 얻었던 해를 우리에게 제공할 것이다. 나는 앞으로 이 방법을 사용할 것이며, 혹여나 의심스럽다고 느끼는 사람들은 이전의 방법을 사용하여 우리의 방법을 검증해도 된다는 사실만을 언급할 것이다.

4. 일반방정식 Φ(xyz)=0을 풀기, 달리 말해 x와 y의 함수를 통해 z의 값을 결정하기

z를 기준으로 주어진 방정식을 전개하면 다음을 얻는다.

$$\Phi(xy0)+\{\Phi(xy1)-\Phi(xy0)\}z=0$$

$$\therefore\ z=\frac{\Phi(xy0)}{\Phi(xy0)-\Phi(xy1)}\cdots \quad \cdots\cdots\cdots\cdots\cdots (74)$$

그리고 일반정리의 도움을 받아 x와 y의 함수를 통해 두 번째 요소를 확장하면 다음과 같다.

$$z=\frac{\Phi(110)}{\Phi(110)-\Phi(111)}xy+\frac{\Phi(100)}{\Phi(100)-\Phi(101)}x(1-y)+\frac{\Phi(010)}{\Phi(010)-\Phi(011)}(1-x)y+\frac{\Phi(000)}{\Phi(000)-\Phi(001)}(1-x)(1-y) \quad \cdots\cdots (75)$$

이것은 문제에 대한 완전한 해이다. 동일한 방법으로 우리는 주어진 모든 개수의 선출기호를 포함하는 방정식을 풀 수 있다.

이러한 성격을 갖는 일반적인 해들을 해석할 때, 다음과 같은 경우들이 발생할 수도 있다.

모듈 Φ(00), 모듈 Φ(01),⋯ 등의 값이 상수일 때, 그 해에 대한 하나 이상의 계수들은 $\frac{0}{0}$ 또는 $\frac{1}{0}$의 형태를 취할 수 있다. 전자의 경우 미정적indefinite 기호 $\frac{0}{0}$는 임의의 선출기호 v로 대체되어야 한다. 후자의 경우 인수 $\frac{1}{0}$를 곱한 (또는 1을 제외한 숫자로 이루어진 상수를 곱한) 이 항은 각각 0에 동일시되어야 하며, 이는 보조명제subsidiary-proposition의 존재를 나타낼 것이다. 이 사실은 (62)에 의하여 명백하다.

예문1. 공식 $x(1-y)=0$ 즉 명제 "모든 X는 Y이다"가 주어졌을 때, x의 함수를 통해 y를 결정해보자.

$\Phi(xy)=x(1-y)$이면, $\Phi(10)=1$, $\Phi(11)=0$, $\Phi(01)=0$, $\Phi(00)=0$이다. 여기서 (73)에 의하여 다음을 얻는다.

$$y=\frac{1}{1-0}x+\frac{0}{0-0}(1-x)=x+\frac{0}{0}(1-x)=x+v(1-x) \quad \cdots (76)$$

여기서 v는 임의의 선출기호이다. 이 결과에 대한 해석은, 집단 Y는 집단 X 전체로 이루어져 있고, 미정적인 나머지[remainder]는 집단 not−X로 이루어져 있다는 것이다. 이 나머지는 가장 넓은 의미에서 미정적이다. 즉, 0에서부터 집단 not−X 전체까지 다양할 수 있다.

예문2. 공식 $x(1-z)+z=y$ 즉 명제 "집단 Y는 집단 Z 전체 그리고 X이면서 not−Z인 것들로 이루어져 있다"가 주어졌을 때 Z를 구해보자.

$\Phi(xyz)=x(1-z)-y+z$가 주어졌을 때, 그로부터 우리가 얻을 모듈들에 대한 일련의 값들은 아래와 같다.

$$\Phi(110)=0$$

$$\Phi(111)=0$$

$$\Phi(100)=1$$

$$\Phi(101)=1$$

$$\Phi(010)=-1$$

$$\Phi(011)=0$$

$$\Phi(000)=0$$

$$\Phi(001)=1$$

이것을 일반공식 (75)에다 대입하면, 우리는 다음을 얻는다.

$$z=\frac{0}{0}xy+\frac{1}{0}x(1-y)+(1-x)y \quad \cdots\cdots\cdots\cdots\cdots (77)$$

여기서 제한되지 않은 두 번째 항의 계수는 다음의 방정식을 의미한다.

$x(1-y)=0$, 즉 "모든 X는 Y이다"

그리고 첫 번째 항의 미정계수가 임의적 선출기호 v에 의해 대체된다면, 우리는 다음을 얻는다.

$$z=(1-x)y+vxy$$

이에 대한 해석은, 집단 Z는 X가 아닌 모든 Y 그리고 X인 Y의 미정적 나머지로 구성된다는 것이다. 물론 이 나머지는 말 그대로 '미정'이므로 0이 될 수도 있다. 우리가 얻은 두 가지 결과는, 기존 명제들로부터의 그리고 그 구성요소들로부터의 (그다지 명료하지는 않은) 논리적 추론이다. 이때 기존 명제들은 집단 Z에 내포된 모든 정보들을 제공한다.

예문3. 공식 $x=y(1-z)+z(1-y)$ 즉 명제 "집단 X는 not-Z인 모든 Y 그리고 not-Y인 모든 Z로 이루어져 있다"가 주어졌을 때 집단 Z를 구해보자.

우리는 다음을 알 수 있다.

$$\Phi(xyz)=x-y(1-z)-z(1-y)$$

$$\Phi(110)=0$$

$$\Phi(111)=1$$

$$\Phi(100)=1$$

$$\Phi(101)=0$$

$$\Phi(010)=-1$$

$$\Phi(011)=0$$

$$\Phi(000)=0$$

$$\Phi(001)=-1$$

이것들을 (75)에다 대입해보자.

$$z=x(1-y)+y(1-x) \quad \cdots\cdots\cdots\cdots\cdots\cdots\cdots\cdots (78)$$

이를 해석하면 "집단 Z는 Y가 아닌 모든 X 그리고 X가 아닌 모든 Y로 이루어져 있다"는 것이다. 이는 논리적으로 엄밀한 추론이다.

예문4. 공식 y{1−z(1−x)}=0 즉 명제 "모든 Y는 Z와 not−X이다"가 주어졌을 때, Z를 구해보자.

모듈들을 구성하기 이전의 방법을 떠올려보자.

$$z=\frac{1}{0}xy+\frac{0}{0}x(1-y)+y(1-x)+\frac{0}{0}(1-x)(1-y),$$ 또는

$$z=y(1-x)+vx(1-y)+v'(1-x)(1-y)=y(1-x)+(1-y)\Phi(x) \quad \cdots\cdots (79)$$

위 일반공식에다 다음의 관계를 대입해보자.

$$xy=0$$

이로부터 "모든 Y는 X가 아니다"라는 사실이, 또한 "집단 Z는 X가 아닌 모든 Y 그리고 not−Y에 대한 미정적 나머지로 이

루어져 있다"라는 사실이 밝혀진다.

위와 같은 방법이 라그랑주Lagrange의 미정승수법24)과 결합된다면 연립방정식을 매우 아름답게 처리할 수 있다. 우리의 이론에서 부족한 점은 하나의 사례만을 제시할 거라는 사실 뿐이며, 앞으로도 이 주제에 대해 더 연구해나갈 가치는 충분할 것이다.

예문5. 방정식 $x(1-z)=0$ 즉 "모든 X는 Z이다" 그리고 방정식 $z(1-y)=0$ 즉 "모든 Z는 Y이다"가 주어졌을 때, x와 y를 연결하는 보조관계를 통해 z의 완전한 값을 결정해보자.

두 번째 방정식에 미정상수 Λ을 곱한 값을 첫 번째 방정식에 더하면, 다음을 얻는다.

$$x(1-z)+\Lambda z(1-y)=0$$

24) 원문에서 부울은 방법론에 대하여 미정승수법the method of indeterminate Multipliers이라는 개념과 미정계수법the method of indeterminate Coefficients이라는 개념을 혼용한다. 그러나 라그랑주에 한해서 미정계수법은 곧 미정승수법이므로 이해하는 데 있어 크게 지장을 주지는 않을 것으로 보인다. [역자 주]

여기서 모듈들을 결정한 뒤, (75)에 대입함으로써 다음을 얻는다.

$$z=xy+\frac{1}{1-\Lambda}x(1-y)+\frac{0}{0}(1-x)y \quad \cdots\cdots\cdots\cdots (80)$$

이로부터 다음이 도출된다.

$$z=xy+v(1-x)y$$

뿐만 아니라 다음의 보조관계도 도출된다.

$$x(1-y)=0$$

전자는 "집단 Z가 Y인 모든 X 그리고 Y인 not-X의 미정적 나머지로 이루어져 있다"는 사실을 나타낸다. 그리고 후자는 "모든 X는 Y이다"이며 이는 곧 문제에서 주어진 두 명제가 전제인 삼단논법의 결론이다.

이와 같이 기호들에 적절한 의미를 부여함으로써, 우리가 가언명제에 대해서 논의했던 모든 방정식들에 대한 해석이 가능할 것이다. 하지만 정언명제의 사례들을 고려했던 것으로 만족해도 괜찮다.

모든 선출방정식이 방정식 $t_1=0$, $t_2=0$,… 등으로 구성된 체계로 환원될 수 있다는 점에서 t_1t_2, t_1t_3,…과 같은 모든 두 항의 곱들이 0이 되는 선출기호들의 이러한 특징은, 궁극적인 명제분석에 대한 논리학의 일반적인 공리를 반영한다. 이에 대한 부가 설명을 제공하는 것이 바람직하겠다.

이 구성요소들인 t_1, t_2,… 등은 오직 x, y,…, 1−w, 1−z,… 등의 형태를 가진 인수들로만 구성된다. 그러므로 정언명제들에서 그것은 일종의 복합집단compound-class, 즉 특정한 질quality[25]적 존재들 및 부재들의 결합에 의하여 결정되는 집단을 나타낸다.

구성하는 각각의 방정식 $t_1=0$,… 등은 결정된 일부 집단에 대한 존재의 부정을 나타내며, 다른 집단들은 상호배타적이다.

따라서 **모든 정언명제는 일부 복합집단의 존재를 부정하는 것으로 풀이될 수 있다.** 이 경우 해당 집단의 모든 요소는 다른 집단의 요소가 아니다.

25) 고전논리에서 질이란 대개 긍정(~이다)과 부정(~아니다)으로 나뉘며, 이 책에서도 그러한 의미로 사용된다. 이러한 부울의 이분법을 넘어서기 위한 최근의 노력들로는 진리값을 세 가지 이상으로 구별하는 다치many-valued이론 및 스펙트럼처럼 이해하는 퍼지fuzzy이론 등이 대표적이다. [역자 주]

가령 방정식 $x(1-y)=0$ 즉 명제 "모든 X는 Y이다"는 X이면서 not-Y인 요소들의 집단에 대한 존재의 부정으로 풀이된다.

공식 $v=xy$로 표현되는 명제 "어떤 X는 Y이다"는 아래와 같이 전개함으로써 풀이된다.

$$v-xy=vx(1-y)+vy(1-x)+v(1-x)(1-y)-xy(1-v)$$
$$\therefore\ vx(1-y)=0,\ vy(1-x)=0,\ v(1-x)(1-y)=0,\ (1-v)xy=0$$

$vx(1-y)=0$, $vy(1-x)=0$, $v(1-x)(1-y)=0$는 미지수 '어떤'에 속하는 요소들의 집단이 존재하지 않는다는 사실을 의미한다. 각각 살펴보면 $vx(1-y)=0$는 X이면서 not-Y인 집단을, $vy(1-x)=0$는 Y이면서 not-X인 집단을, $v(1-x)(1-y)=0$는 not-X이면서 not-Y인 집단에 해당한다. 마지막으로 $(1-v)xy=0$는 이 미지수 '어떤'에 속하지 않으면서도 그 요소들이 X이면서 Y인 집단은 존재하지 않는다는 사실을 의미한다.

이와 같은 분석을 통하여 **모든 가언명제는 특정한 주장에 대한 참과 거짓의 공존을 부정하는 것으로 풀이될 수 있다**는 사실을 알 수 있다.

따라서, 가령 명제 "만약 X가 참이면 Y는 참이다"는 참인 X와 거짓인 Y의 공존을 부정하는 방정식인 $x(1-y)=0$에 의하여 풀이될 수 있다.

또한 배타적 명제 "X가 참이거나 Y가 참이거나 둘 중 하나다"는, 첫째로 X와 Y가 둘 다 참임을 부정하고, 둘째로 X와 Y가 둘 다 거짓임을 부정하는 것으로 풀이될 수 있다.

그러나 누군가는 이렇게 질문할 수도 있겠다. 긍정명제의 구성을 위하여 부정의 원리 이상의 것이 필요하지는 않나요? 즉 긍정명제의 구성을 위하여 긍정적 요소는 전혀 필요하지 않나요? 당연히 하나의 긍정적 요소는 필요하다. 그리고 이 긍정적 요소는 정언명제에서 추론의 전제조건으로 간주될 수 있을 가정들에 의해, 즉 개념들의 전체집단이 존재한다는 가정 및 그것이 포함하는 각각의 개체들이 주어진 집단에 속하거나 속하지 않는다는 가정에 의해 확보된다. 가언명제에서도 동일한 전제조건으로 간주될 수 있을 가정들에 의해, 즉 상상할 수 있는 경우들의 전체집단이 존재한다는 가정 및 주어진 명제는 언제나 참이거나 거짓이라는 가정에 의해 확보된다. 실제로 개념들의 존재에 대한 물음은 그것들의 질이나 관계에 관한 모든 문장들의 선행조건이다. (아리스토텔레스의 『Anal. Post』 2권 2장 참조)

앞에서 살펴보았듯이, 명제는 긍정적 토대와 부정적 토대 위에 동시에 놓여있는 것으로 간주될 수 있다. 이러한 관점은, 일반론에서 도출된 특수를 고려한다는 점에서 연역추론의 정신에 있어 이질적이지 않으며, 언제나 제한을 통해 진행된다는 점에서 방법론적으로 부적절하지도 않다.

8. 연립선출방정식에 적용되는 미정승수법의 증명

불필요하게 복잡해지지 않도록, 세 개의 선출기호를 포함하는 가장 일반적인 유형의 세 가지 방정식들을 고려하는 것만으로 충분할 것이다. 이 사례를 통하여 보다 일반적인 (방정식의 개수와 변수의 개수가 모두 무제한적인) 문제에 대해 논의할 때 이루어지는 증명에 관련될 모든 특징들이 검토된다는 사실을 알게 될 것이다.

다음의 방정식들이 주어졌다고 해보자.

$$\Phi(xyz)=0,\ \Psi(xyz)=0,\ X(xyz)=0 \quad \cdots\cdots\cdots\cdots \ (1)$$

$\Psi(xyz)=0$와 $X(xyz)=0$에 임의의 상수 h와 k를 곱한 뒤, 거기에 $\Phi(xyz)=0$를 더하면 다음을 얻는다.

$$\Phi(xyz)+h\Psi(xyz)+kX(xyz)=0 \quad \cdots\cdots\cdots\cdots\cdots (2)$$

일반정리 (75)에 의하여 변수 z를 기준으로 이 방정식을 푼다고 할 때, 우리는 h와 k에 독립적인 z의 일반적인 값뿐만 아니라, z와 별개로 x와 y 사이에 존재할 보조관계 또한 얻게 된다는 사실을 알 수 있다.

만약 우리가 일반방정식 (2)를 F(xyz)=0의 형태로 표현한다면, 그 해는 (75)에 의해 다음의 공식으로 표현될 수 있다.

$$z=\frac{xy}{1-\frac{F(111)}{F(110)}}+\frac{x(1-y)}{1-\frac{F(101)}{F(100)}}+\frac{y(1-x)}{1-\frac{F(011)}{F(010)}}+\frac{(1-x)(1-y)}{1-\frac{F(001)}{F(000)}}$$

그리고 우리는 이 네 개의 항들 중 어떤 특정한 항이 0이라는 점을 알 수 있다. 그 항은 M으로 표현될 수 있는 모듈이 조건 $M^n=M$을 만족하지 않거나, 아니면 동일한 모듈이 0과 1 이외의 다른 값을 갖는다,

첫 번째 항의 모듈(가정된 M_1)을 보자.

만약 $\dfrac{1}{1-\frac{F(111)}{F(110)}}$이고, 기호 F에 완전한 의미를 부여한다면, 우리는 다음을 얻는다.

$$M_1 = \frac{1}{1 - \dfrac{\Phi(111) + h\Psi(111) + kX(111)}{\Phi(110) + h\Psi(110) + kX(110)}}$$

우변의 요소가 h와 k에 대하여 독립적이지 않은 한, 조건 $M_1^n = M_1$이 만족될 수 없다는 사실은 분명하다. 그리고 이것이 가능하기 위해서는 h와 k로부터 독립적인 다음의 함수를 취해야만 한다.

$$\frac{\Phi(111) + h\Psi(111) + kX(111)}{\Phi(110) + h\Psi(110) + kX(110)}$$

이제 다음과 같이 가정해보자.

$$\frac{\Phi(111) + h\Psi(111) + kX(111)}{\Phi(110) + h\Psi(110) + kX(110)} = e$$

c가 h와 k에 대하여 독립적일 때, 만약 분수를 제거하고 계수들을 통일시키면 아래와 같은 공식이 나온다.

$$\Phi(111) = c\Phi(110)$$

$$\Psi(111) = c\Psi(110)$$

$$X(111) = cX(110)$$

여기서 c를 제거하면 다음을 얻는다.

$$\frac{\Phi(111)}{\Phi(110)}=\frac{\Psi(111)}{\Psi(110)}=\frac{X(111)}{X(110)}$$

위 식이 아래의 세트와 동치이다.

$$\Phi(111)\Psi(110)-\Phi(110)\Psi(111)=0$$
$$\Psi(111)X(110)-\Psi(110)X(111)=0$$
$$X(111)\Phi(110)-X(110)\Psi(111)=0 \quad \cdots\cdots\cdots\cdots (3)$$

만약 이 방정식들 중 하나라도 만족되지 않는다면 모듈 M_1은 조건 $M_1^n=M_1$을 만족시키지 못할 것이며, 이때 z 값의 첫 번째 항은 반드시 0이어야 한다는 사실을 알 수 있다. 이로써 우리는 다음을 얻게 된다.

$$xy=0$$

이것은 곧 z에 대하여 독립적인 x와 y 사이의 관계이다.

한편 우리가 z를 기준으로 최초의 방정식 (1)의 각 쌍들을 전개한다면, 다음을 얻는다.

$$\Phi(xy0)+\{\Phi(xy1)-\Phi(xy0)\}z=0$$
$$\Psi(xy0)+\{\Psi(xy1)-\Psi(xy0)\}z=0$$
$$X(xy0)+\{X(xy1)-X(xy0)\}z=0$$

이어서 이 방정식들의 각 쌍들 사이에 있는 z를 소거하면, 다음을 얻는다.

$$\Phi(xy1)\Psi(xy0)-\Phi(xy0)\Psi(xy1)=0$$
$$\Psi(xy1)X(xy0)-\Psi(xy0)X(xy1)=0$$
$$X(xy1)\Phi(xy0)-X(xy0)\Phi(xy1)=0$$

이는 z의 소거에 의해 이루어진 x와 y 사이의 모든 관계들을 표현한다. 이것들을 전개하고 첫 번째 항을 완전하게 적어내본다면, 우리는 다음을 얻는다.

$$\{\Phi(111)\Psi(110)-\Phi(110)\Psi(111)\}xy+\&c=0$$
$$\{\Psi(111)X(110)-\Psi(110)X(111)\}xy+\&c=0$$
$$\{X(111)\Phi(110)-X(110)\Psi(111)\}xy+\&c=0$$

그리고 명제2에 의하여, 만약 이 중에서 xy의 계수가 0인 방정식이 단 하나도 존재하지 않는다면 우리는 다음의 방정식을 얻게 된다.

$$xy=0$$

그런데 문제의 계수들은 정리 (3)의 첫 번째 요소들과 동일하며, 조건들의 대한 두 개의 세트는 정확히 일치한다. 따라서 전개식에서의 첫 번째 항에 관련한 미정계수법은 흔히 사용하는 소거법과 동일한 결과를 초래한다. 그리고 그 형식적 유사성으로 인하여 다른 모든 항들에도 또한 동일한 추론이 적용될 것임은 분명하다.

다음으로, M_1이 h와 k에 대하여 독립적으로 조건 (3)을 만족시킨다고 가정해보자. 그러면 마찬가지로 그것은 다음과 같은 동치의 공식을 확보할 것이다.

$$M_1=\frac{1}{1-\frac{\Phi(111)}{\Phi(110)}}=\frac{1}{1-\frac{\Psi(111)}{\Psi(110)}}=\frac{1}{1-\frac{X(111)}{X(110)}}$$

이것들은 최초의 세 방정식의 해로부터 개별적으로 연역된 z의 값을 전개한 첫 번째 모듈의 정확한 공식이다. 만약 M_1의 공통적인 값이 1이거나 혹은 $\frac{0}{0}$=v이라면, 이 항은 z에서 보존될 것이다. 반면에 만약 M_1의 공통적인 값이 0을 제외한 상수라면, 우리는 소거에 의해 주어지지는 않지만 최초의 방정식들로부터 개별적으로 연역할 수는 있는 관계 xy=0을 얻을 것이다. 그러므로 모든 경우에서 보조관계에 대한 표현은 해를 얻는 과정에 있어 필수적인 절차이다.

유사한 증명이 기호의 개수와 방정식의 개수에 대하여 미정인 정리에 대한 논의에도 적용될 수 있다는 사실은 분명해 보인다.

마치며

이 책을 인쇄하는 동안 내게 떠오른 몇 가지 부가설명이나 참고사항들을 부연하겠다.

서문의 네 번째 문단에서 다루었던 논리와 언어 사이의 연관성에 대한 언급은 충분히 명료하지 못하다. 나는 논리와 언어가 추상화를 통해 일반관념을 형성하는 우리의 능력에 상당히 실질적으로 의존한다고 생각한다. 언어가 논리의 도구인 것은 맞지만 필수적인 도구인 것은 아니다.

서문의 스무 번째 문단에서 다루었던 원인에 대한 언급에 대하여, 나는 다음과 같이 덧붙이고 싶다. (존 허셜J.Herschel 경의 말처럼) 원인이 힘의 개념과 연관이 있든 아니면 없든 간에, (브라운Brown의 관점을 따라) 만약 원인을 자연에서의 불변의 선행조건으로 간주한다면, 그 존재에 대한 지식은 "~인 이유"가 아니라 "~인 것"이라는 단어로 표현되는 것이 어울린다. 후자의 해석에 동의할 때, 논리학에서는 가장 위대했던 현대와 고대의 두 권위자들이 수학적 적용에 있어서는 가장 큰 차이를 보인다는 것은 매우 주목할만하다. 현대의 윌리엄 해밀턴W.Hamilton 경은 수학이 오직 "~인 것"만을 보여준다고 설명한다. 한편 고대의 아리스토텔레스Aristoteles는 "~인 이유"야말로 수학자들의 것이라고 말하는데, 왜냐하면 그들은 원인에 대한 증명을 해야 하기 때문이다. (아리스토텔레스의 『Anal. post』 1권 14장 참조) 이에 더하여, 아리스토텔레스의 견해는 그가 책의 여러 부분에서 원인이라는 단어에 부여한 실질적인 의미와 (즉 논리의 선행조건이라는 의미와) 일치하며, 그러한 (사실은 잘못된) 의미에 따르면 전제는 결론의 원인이라고 불릴 수 있다. 내게는 그의 물리학적인 연구들에조차 이러한 견해의 고유한 특성들이 녹아있는 것처럼 보인다.

돌이켜보면 4장의 분류4에서 다루었던 비교할 매개의 존재여부에 대한 견해는 드모르간De-Morgan 교수의 설명을 그대로 따라간 것으로 생각되며, 따라서 나는 발견에 대한 어떤 권한도 주장하지 않을 것이다. 다만 이 책에서 그것이 등장하는 방식은 주목할만하다.

또한 4장의 해석조건에서 다루었던 내용을 바꿔야 할 이유를 찾았다. 삼단논법에서 명제의 표현을 위해 사용된 방정식의 체계는 (첫째로는 일반론에서, 둘째로는 해석의 용이성에서) 사용되기 이전의 것보다 '언제나' 더 낫다.

명제가 참이거나 거짓이라는 원칙 때문에, 가언명제의 표현에 사용되는 모든 선출기호는 선출기호의 유일한 양적 형태인 0과 1의 값만을 허용한다. 실제로 (더 순수하게 양적인 이론인) 확률론이 없이도 주어진 가언명제와 정확히 유사한 가언명제들을 처리할 수 있는 방법 및 절차에 대한 정리에 도달하는 것이 가능하다. 이렇게 표현할 수 있을지 모르겠지만, 선출기호의 체계와 양의 체계는 0과 1이라는 지점에서 공통적이다. 내가 보기에는 이것이 필연적 진리(즉 정언명제)와 개연적 진리가 우연적 진리(즉 가언명제)의 구성에서 함께 만난다는 사실을 암시하는 것 같다. 선출기호에 대한 일반적인 공리 및 더 특징적인 모든 적용들은, 어떤 양적인 기원과도 완전히 무관하다.

!?

덧붙이는 말_

부울대수의 현대적 의의

김 주 호 (서강대 컴퓨터공학과 교수)

부울대수Boolean-algebra는 이진수 즉 0과 1의 논리이고, 우리가 접하는 컴퓨터 안의 모든 내용들은 언제나 오직 이 형식에 의해서만 수용될 수 있다. 컴퓨터가 그것 이외의 숫자를 이해할 수 없는 이유는, 바로 **반도체소자**semiconductor-device**의 물질적 한계** 때문이다. 즉 반도체에 있는 스위치는 전기적 신호가 흐르지 않거나 흐른다는 사실 외에는 구별할 수 없고, 전자는 0에 대응하여 그리고 후자는 1에 대응하여 표기되는 것이다. 부울대수는 오직 이러한 0과 1에 Not, And, Or 등을 연결함으로써 **존재가능한 모든 기능**function**을 구현**할 수 있도록 만들어진 체계이다. 만일 우리가 특정한 하드웨어 시스템을 구현한다고 할 때 동일한 기능을 가짐에도 불구하고 더 뛰어나고 효율적인 방식으로 실행될 수 있도록 반드시 여러 최적화optimization 단계를 거쳐야만 하는데, 이때의 방법론 중 하나가 바로 부울대수의 공식을 최적화하는 기술이며, 뿐만 아니라 카르노도Karnaugh-map를 활용하여 최적화하는 기술 또한 부울대수에 기초한다. 물론 보다 빠른 연산을 위하여 이진수가 아닌 다진수의 논리를 수용하는 것이 가능한지에 대한 이론적인 연구들이 꾸준히 이루어지고는 있으나, 전기적 신호를 세 가지 이상으로 구별해야 할 경우 비경제적이면서도 많은 오류가 발생하므로 그러한 큰 단점을 감내하면서까지 도입을 강행할 수는 없을 것이다. 왜냐하면 순수과학과는 달리 컴퓨터를 비롯한 분야에 관한 공학engineering은, 실제로 제품을 만들어내는 일을 필요조건으로 갖는다는 점에서 **목적하는 제품을 구성할 그 물질이 세상에 실제로 존재하는가, 그리고 그 물질을 확보하기 위해 너무 큰 비용이 들지는 않는가**라는 핵심적인 질문을 피해갈 수 없기 때문이다. 반도체는 가장 경제적이면서도 오류가 거의 없는 물질이기 때문에 컴퓨터는 물론이고 카메라나 MP3 등 다양한 디지털 제품들을 개발하는 데에 기여할 수 있었으며, 특히 21세기 공학의 최고 화두였던 디지털컨버전스digital-convergence에 맞물리면서 궁극적으로는 그 모든 기능들을 하나의 제품으로 수렴시킨 스마트폰이라는 꽃으로 귀결되었다. 요컨대 반도체소자의 물질적 한계는 0과 1의 논리인 부울대수와 결합됨으로써 당대의 모든 컴퓨터의 개발 및 전반적인 디지털 산업 발전의 초석이 되었으며, 이때 제품들이 수행하는 모든 연산은 부울대수적 연산이다. 그러므로 언젠가 부울대수를 사용하지 않는 날이 오게 된다면, 그것은 곧 디지털 시대의 종언을 의미할 것이다.

찾아보기

논리의 수학적 해석

The Mathematical Analysis of Logic

초판발행 2024년 11월 25일

지은이 George Boole
옮긴이 이석헌

펴낸이 오판근
펴낸곳 (주) 교우
주 소 서울시 동대문구 약령시로 8 교우빌딩 2층 (주)교우
전 화 02-925-2861 / **팩 스** 02-925-2860. **편집부** 02-925-2825
홈페이지&북스토어 www.kyowoo.co.kr / **이메일** kyowoo@kyowoo.co.kr

등 록 1994년 3월 24일 제1994-000013호
ISBN 979-11-251-0403-2 (93410)

Published by Kyowoo Co., Ltd. Printed in Korea

(주) 교우는 보다 혁신적이고 참신한 도서를 다양하게 기획하고 있습니다.
책으로 펴내고자 하는 아이디어나 원고는 메일로 보내주세요.
(주) 교우는 전과정을 책임지고 최선을 다하겠습니다.

값 14,000원

교우미디어는 (주) 교우의 Imprint 사입니다.
수학정원·과학정원은 (주) 교우의 새로운 브랜드명입니다.

잘못된 책은 구입하신 서점에서 교환해 드립니다.